VERSTÄNDLICHE WISSENSCHAFT

ACHTZIGSTER BAND

BERLIN · GÖTTINGEN · HEIDELBERG

SPRINGER-VERLAG

RIESEN DES MEERES

EINE BIOLOGIE DER WALE UND DELPHINE

VON

EVERHARD JOHANNES SLIJPER

ORD. PROFESSOR DER ALLGEMEINEN ZOOLOGIE
AN DER UNIVERSITÄT VON AMSTERDAM

1.–6. TAUSEND

MIT 80 ABBILDUNGEN

BERLIN · GÖTTINGEN · HEIDELBERG

SPRINGER-VERLAG

Herausgeber der naturwissenschaftlichen Abteilung:
Prof. Dr. Karl v. Frisch, München

ISBN-13 : 978-3-540-02919-9   e-ISBN-13 :978-3-642-80547-9
DOI : 10.1007/978-3-642-80547-9

Library of Congress Catalog Card Number 62—16767

Druck von J. P. Peter, Gebr. Holstein, Rothenburg o.T.

Vorwort

Zahlreiche Stellen in der Bibel und bei den klassischen Schriftstellern zeigen, daß Wale und Delphine schon von altersher stark auf die Phantasie des Menschen gewirkt haben — wahrscheinlich weil es sich hier um Tiere handelt, die in der Umwelt der Fische leben, obgleich ihr Verhalten ohne weiteres zeigt, daß es Säugetiere sind. Die Unzulänglichkeit ihres Milieus, die Abmessungen ihrer größeren Vertreter und die Tatsache, daß es erst neuerdings möglich geworden ist, Delphine in Gefangenschaft zu halten und mit ihnen zu experimentieren, haben verursacht, daß noch in den zwanziger Jahren dieses Jahrhunderts unsere Kenntnis vom Leben der Waltiere (Cetaceen) nahezu ausschließlich auf ihren Körperbau beschränkt war.

Die wissenschaftlichen Untersuchungen der letzten dreißig Jahre haben unser Wissen vom Leben dieser Tiere jedoch dermaßen erweitert, daß es berechtigt scheint, die Ergebnisse dieser Forschung nicht nur für den Fachgelehrten zusammenzufassen, sondern sie jedem Interessierten in verständlicher Form vorzulegen. Daß der Herausgeber der naturwissenschaftlichen Abteilung der „Verständlichen Wissenschaft" mir die Möglichkeit geboten hat, dies auch in deutscher Sprache zu verwirklichen, ist besonders erfreulich.

Ich möchte den Leser zu einem Verständnis dieser merkwürdigen und immer wieder faszinierenden Tiere hinführen, ich möchte ihm auch zeigen, wie gering unsere Kenntnis in mancherlei Hinsicht noch ist, was und wieviel noch zu erforschen übrig bleibt und namentlich welche Bedeutung die Arbeit der Biologen hat für die Lösung der Frage, wie man den heutigen Bestand der Wale vor einer Überbeanspruchung durch den modernen Walfang schützen kann.

Amsterdam, den 1. September 1961

E. J. Slijper

Inhaltsverzeichnis

Quellenverzeichnis der Abbildungen

Die Abbildungen sind, soweit sie nicht dem Bildarchiv des Verfassers entstammen, aus folgenden Werken entnommen:

Abb. 1, 8, 9, 10, 11, 12, 14, 19, 21, 22, 25, 27, 28, 30, 38, 43, 45, 53, 54, 55, 60, 68, 71, 72, 74, 75, 78, 79 — SLIJPER, E. J., Walvissen. Amsterdam: D. B. Centen 1958

Abb. 7 — MÜLLER, H. C., Archiv für Naturgeschichte 1920 A

Abb. 13, 44, 57, 58 — BENEDEN, P. J. VAN, et P. GERVAIS, Osteographie des Cétacé's. Paris 1880

Abb. 18 — GLASSELL, A. C., Natural History 62, 63 (1953)

Abb. 24 — ANDREWS, R. C., Memoirs Americ. Mus. Nat. Hist. N. S. 1, 239 (1914)

Abb. 26 — HEEZEN, B. C., Norsk Hvalfangst Tidende 46, 665 (1957)

Abb. 33 — BRESCHET, G., Histoire anatomique d'un organe de nature vasculaire dans les Cétacés. Paris: Bechet Jeune 1836

Abb. 37 — DILLIN, J. W., Natural History 61, 152 (1952)

Abb. 39 — HILL, R. N., Window in the Sea. London: Gollancz Ltd. 1957

Abb. 41 — SIEBENALER, J. B., and D. K. CALDWELL, Journ. Mammalogy 37, 126 (1956)

Abb. 46 — NORRIS, K. S., c. s., Biological Bulletin 120, 163 (1961)

Abb. 47 — SLIJPER, E. J., Mens en Huisdier, 2e dr. Zutphen: Thieme 1948

Abb. 49 — MACKINTOSH, N. A., and J. F. G. WHEELER, Discovery Reports 1, 197 (1942)

Abb. 59 — PERNKOPF, E., c. s. In BOLK's Handbuch der vergleichenden Anatomie der Wirbeltiere 3, 349 (1937)

Abb. 61 — ANTHONY, R., Mem. Inst. Espanol. Ocean. 3/2a, 35 (1922)

Abb. 62 — MARR, J. W. S., Norsk Hvalfangst Tidende 45, 127 (1956)

Abb. 65 — BROWN, S. G., Discovery Reports 26, 355 (1954)

Abb. 66 — NISHIWAKI, M., and K. HAYASHI, Scient. Rep. Whales Res. Inst. Tokyo 3, 183 (1950)

Abb. 70 — WISLOCKI, G. B., Biological Bulletin 65, 81 (1933)

1. Der Mensch und der Wal

Als der Mensch auf Erden erschien, waren die Wale schon da und wir dürfen annehmen, daß die ersten Küstenbewohner sich schon eingehend mit diesen merkwürdigen Tieren, die eine so ausgiebige Nahrungsquelle bilden, beschäftigt haben. Die ältesten Zeugen dieser Beschäftigung sind Felszeichnungen aus der jüngeren Steinzeit (Neolithicum, etwa 2200 B. C.) die an verschiedenen Stellen in Norwegen gefunden wurden. Walknochen aus den Ansiedlungen der ursprünglichen Einwohner von Alaska zeigen, daß der Mensch bestimmt schon seit etwa 1500 vor Christi Geburt den Walfang betrieben hat. Wale und Delphine sind auch von den alten Griechen und Römern häufig abgebildet worden und namentlich die Delphine spielen in zahlreichen Sagen und Legenden eine wichtige Rolle. Genau wie in den heutigen Mittelmeerländern, hat man auch damals an verschiedenen Stellen dieses Gebietes Delphine gefangen, während sie dagegen an anderen Stellen wegen ihrer Heiligkeit geschützt wurden. Auf den großen Wal wurde damals im Mittelmeer nicht gejagt.

Es darf bestimmt kein Erstaunen erregen, daß neben den ursprünglichen Einwohnern von Alaska, die Norweger die ältesten Walfänger sind. Der Boden Norwegens liefert dem Menschen ja nur eine beschränkte Menge Nahrung und die Einwohner dieses Landes mit seiner sehr langen und von tausenden Fjorden zerschnittenen Küste sind denn auch schon seit uralten Zeiten auf das Meer angewiesen. Wann die Norweger mit dem Walfang angefangen haben, ist nicht bekannt, aber schon im Jahre 890 hat Ottar aus Nordnorwegen an König Alfred von England gemeldet, daß in der Nähe von Tromsö Wale gefangen wurden.

Höchstwahrscheinlich hat man dort Nordkapern gefangen, denn der Nordkaper kam in diesen Zeiten in großen Mengen im Nordatlantik vor und läßt sich ziemlich leicht erbeuten. Auf ihren Streifzügen nach dem Süden haben die Normannen wahrscheinlich die Bewohner der Normandie in der Kunst des Walfanges unterrichtet und es ist gar nicht unmöglich, daß die Basken diese Kunst wieder von den Bewohnern der Normandie gelernt haben. Jedenfalls haben die Basken vom 11. Jahrhundert ab auf den Nordkaper gejagt, anfänglich im Golf von Biskaya selber, später aber über den ganzen Nordatlantik, so daß im Jahre 1578 sogar 30 baskische Walfangschiffe bei Neufundland gesehen wurden. Es war ein sehr einträglicher Betrieb, weil man das Öl für Beleuchtungszwecke verwendete und die Barten als Fischbein für die Korsettindustrie sehr gesucht waren, in einer Zeit, in der man Stahl und Gummi noch nicht kannte.

Als am Ende des 16. Jahrhunderts der Engländer JONAS POOLE (1583) und die Holländer HEEMSKERK, BARENDSZ und DE RIJP (1596) vergebens versuchten, im nördlichen Eismeer eine Durchfahrt nach dem fernen Osten zu finden, wurden sie auf die großen Walbestände dieser arktischen Gebiete aufmerksam. Im hohen Norden lebte nicht nur der Nordkaper, sondern auch der Grönlandwal (Abb. 1). Diese beiden Glattwale sind langsame Schwimmer und ihre Speckschicht ist so dick, daß die Kadaver auf dem Wasser treiben. Deswegen kann man diese Tiere mit primitiven Fanggeräten erbeuten. Weil der Grönlandwal sich aber hauptsächlich im Treibeis aufhält, forderte eine Walfangexpedition nach dem hohen Norden eine jahrelange sorgfältige Vorbereitung. Deswegen dauerte es noch bis zum Jahre 1611, bevor THOMAS EDGE als erster englischer Walfänger nach Spitzbergen fuhr. Das erste holländische Schiff folgte 1612.

Anfänglich wurden die erbeuteten Wale auf Spitzbergen, Jan Mayen und anderen Inseln auf dem Lande verarbeitet, später, als sich nur noch wenige Tiere in den Baien sehen ließen, durchsuchten die Walfänger das ganze Nördliche Eismeer und die Kadaver wurden den Schiffen entlang abgespeckt. Der Speck wurde in Fässern nach den am Walfang beteiligten westeuropäischen Ländern befördert, wo sich eine ertragreiche Walindustrie entwickelte. Denn nicht nur Holländer und Engländer, sondern auch Expeditionen aus Norwegen, Dänemark und Deutschland (Hamburg, Bremen, Lübeck) haben an dieser sogenannten Grönlandfahrt teilgenommen, während die Amerikaner im 18. Jahrhundert an beiden Seiten ihres Kontinents ebenfalls auf der

Grönlandwal und den Nordkaper gejagt haben. Im Jahre 1697 wurden von 182 Schiffen verschiedener Nationalitäten bei Spitzbergen allein schon 1888 Wale gefangen. Am Ende des 19. Jahrhunderts wurden in San Francisco die Barten noch für 8 Dollar

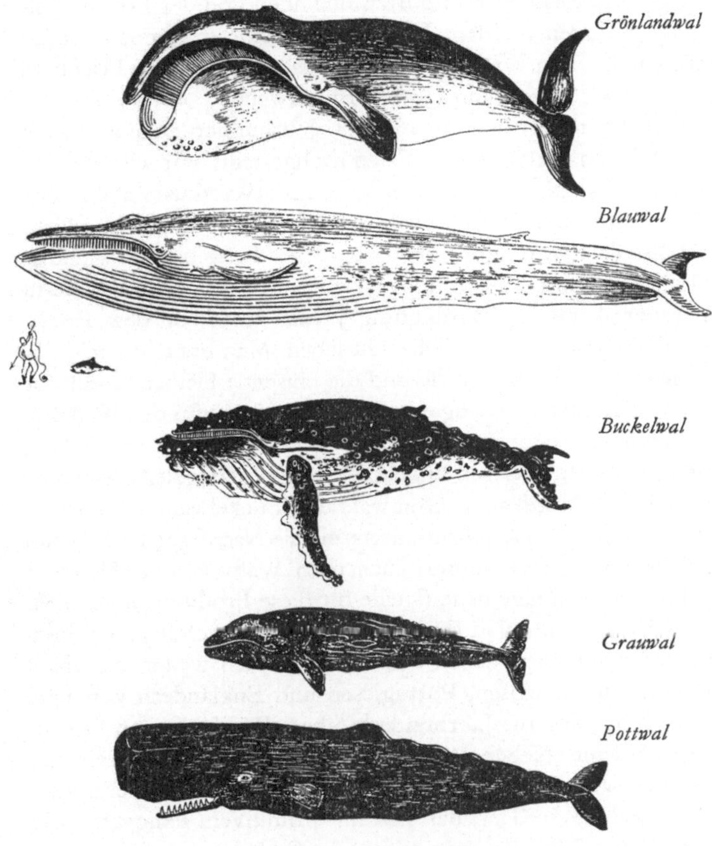

Abb. 1. Einige große Wale

pro Kilogramm verkauft und betrug der Gesamtertrag eines einzigen Grönlandwals noch etwa 8000 Dollar.

Durch die politischen und ökonomischen Verhältnisse in Westeuropa ging der Walfang im Norden am Ende des 18. Jahrhunderts stark zurück. Nur die Engländer haben den Betrieb mit

immer verbesserter Technik das ganze 19. Jahrhundert hindurch
fortgesetzt. Dann war der Bestand im Norden jedoch so stark
dezimiert, daß es sich nicht mehr lohnte, auf Grönlandwale und
Nordkaper zu jagen. Die Tiere sind jetzt durch ein internationales
Abkommen geschützt und dürfen nur noch von der Lokalbevöl-
kerung gefangen werden. In Sibirien macht man noch immer
Schlitteneisen von Walbarten. Früher hat man dort das Fischbein
auch zur Herstellung von Uhrfedern verwendet.

Zweifelsohne hat man im 16.—18. Jahrhundert auch an vielen
anderen Orten der Welt den Walen nachgestellt. Wir wissen z. B.,
daß die Indianer der nordamerikanischen Westküste auf Nordkaper, Pottwale und Grauwale gejagt haben und wir wissen
ebenfalls, daß vom Jahre 1606 ab dieser Betrieb eine wichtige
Rolle in der Ökonomie von Japan gespielt hat. Genau so wie in
Norwegen, kann die Bevölkerung Japans nicht von dem Ertrag
von Landwirtschaft und Viehzucht leben. Man braucht auch hier
das Meer als Nahrungsquelle und die tausende kleiner Inseln vor
der Küste machen diese sogar besonders geeignet für den Walfang.
In zahlreichen schönen Farbbildern hat man die Art und Weise,
in der die Wale mit Netzen eingekreist wurden, festgelegt. Es waren
hauptsächlich Nordkaper, Grauwale und Buckelwale (Abb. 1).

Am Anfang des 18. Jahrhunderts, als die Nachfrage nach Walöl
für Beleuchtungszwecke und auch nach Walbarten immer mehr
zunahm, hat man eine neue Quelle für diese Produkte angebohrt.
Die Walfänger von Neu-England, die Amerikaner aus New Bedford und Nantucket, haben den Küstenbetrieb weiter ausgebaut
und sind mit Franzosen, Portugiesen und Engländern von 1712
bis zur Mitte des 19. Jahrhunderts über alle Meere und Ozeane
ausgeschwärmt. Neben südlichen Glattwalen und Buckelwalen
haben sie hauptsächlich Pottwale (Abb. 1) gefangen, denn auch
der Pottwal ist ein Tier, das sich mit primitivem Fanggerät sehr
gut erbeuten läßt. Die romantischen Erzählungen über Moby
Dick, Timor Tom, New-Zealand-Jack und andere Tiere, die so
viele Menschenopfer gekostet haben, beziehen sich auf eine verhältnismäßig geringe Anzahl alter und gefährlicher Bullen. Die
meisten anderen Pottwale lassen sich nahezu mühelos töten.

Von 1846 ab ging es jedoch mit dem Pottwalfang bergabwärts.
Die sich entwickelnde Baumwollindustrie und das Goldfieber in

Amerika veranlaßten tausende von Matrosen, die Schiffe zu verlassen und als 1859 in Pennsylvania das erste Erdöl entdeckt wurde, war der Pottwalfang zum Tode verurteilt, weil Petroleum ein besseres und billigeres Beleuchtungsmittel war als Pottwalöl. Trotzdem hat es noch bis zum Jahre 1925 gedauert, bis die letzten Pottwalfänger „John M. Manta" und „Margarett" von ihrer letzten Reise in den Hafen von New Bedford zurückkehrten. Der Pottwal kommt in allen Meeren, hauptsächlich jedoch in den tropischen und subtropischen Gewässern vor. Die Reisen der Pottwalfänger dauerten denn auch meistens viele Jahre und von der Schiffsmannschaft haben zahlreiche Männer die Schiffe auf irgendeiner schönen Südseeinsel verlassen, um mit einer der dunkeläugigen, einheimischen Schönen ein neues Leben anzufangen.

Seit dem Jahre 1600 hat die Walbevölkerung der Welt keine so ruhige Zeit gekannt wie die zweite Hälfte des 19. Jahrhunderts. Nur hier und da — wie z. B. in Norwegen, Japan und Californien — wurden Wale in ziemlich großer Anzahl von Landstationen gefangen. In Norwegen und England hat man aber immer wieder versucht, auch die sehr schnellen Furchenwale zu erbeuten, die untersinken, wenn sie getötet sind. Es handelt sich hier um den Blauwal (Abb. 1), den Finnwal und den Seiwal[1], die — mit dem allerdings viel weniger schnellen Buckelwal — in allen Weltmeeren vorkommen. Erst als Dampfschiffe zur Verfügung standen und erst als SVEND FOYN aus Tönsberg 1868 die erste brauchbare Harpunkanone mit Granatharpunen erfunden hatte (Abb. 2), war es möglich, auch die schnellen Furchenwale zu erlegen. Die Granate, die sich vor den Klauen des Harpunenkopfes befindet, explodiert im Walkörper und kann, wenn der Schuß gut sitzt, das Tier in wenigen Sekunden töten. Mittels eines Luftschlauches wird dann der Kadaver aufgepumpt, damit er nicht sinken kann.

SVEND FOYNS Erfindung hat ein großes Aufblühen der Landstationen zur Folge gehabt — nicht nur in Norwegen, sondern auch auf Island, auf den Färöer, in Japan und anderen Teilen der Welt. Trotzdem aber übertraf am Ende des 19. Jahrhunderts die Frage nach Walöl das Angebot, weil die wichtigen Entdeckungen

---

[1] Der Seiwal wird so genannt, weil er häufig zusammen mit dem Kohlfisch (Sei) an der norwegischen Küste erscheint.

von KOCH und PASTEUR zur Bekämpfung von Krankheitserregern eine außerordentliche Zunahme der Bevölkerung von Europa und Nordamerika zur Folge hatte. Da außerdem die Wohlfahrt der Völker in diesen Gebieten stark zunahm, entstand eine große

Abb. 2. Kopf der Granatharpune und Harpunleine auf dem Bug eines japanischen Waljägers

Nachfrage nach Seifen und Margarine. Als es dann (1905) gelang, durch Anwendung der Fetthärtung (Überführung von ungesättigten in gesättigte Fettsäuren) das Walöl für die Herstellung von Margarine zu verwenden, mußte man sich nach neuen Quellen für die Walindustrie umsehen.

COOK, ROSS, WEDDELL und andere Entdeckungsreisende im Südpolargebiet hatten schon immer wieder erzählt von ungeheuren

Walbeständen in den antarktischen Gewässern. Deswegen gründete C. A. LARSEN 1904 die Landstation „Grytviken" auf Süd-Georgien und 1910 befanden sich schon 6 Landstationen auf Süd-Georgien und auf den Süd-Shetlands, Süd-Orkneys und den Süd-Sandwich-Inseln, während 14, hauptsächlich norwegische

Abb. 3. Verarbeitung eines Finnwals auf dem Hinterdeck des holländischen Walfangmutterschiffs „Willem Barendsz". Die Speckschicht ist gerade entfernt. Aufn. W. L. VAN UTRECHT (Amsterdam)

Walfangmutterschiffe mit 48 Fangbooten in den Baien dieser Inseln vor Anker lagen. Weil aber die Lizenzen in diesem englischen Gebiet sehr hoch waren und der Walbestand in unmittelbarer Nähe der Inseln abnahm, fing man 1923 an, mit Walfangmutterschiffen zu arbeiten, die auf offenem Meer den Betrieb ausüben konnten (Abb. 3, 4). Die erste „schwimmende Kocherei", die mittels einer Heckaufschleppbahn (Slipway) die Kadaver an Deck nehmen konnte, wurde 1925 gebaut. Die Blütezeit des Antarktischen Walfangs fällt in die dreißiger Jahre des 20. Jahrhunderts, als 41 meistens norwegische Walfangmutterschiffe mit ihren Fangbooten in den Antarktischen Gewässern operierten. Im zweiten Weltkrieg sind viele Schiffe verloren gegangen und weil man

außerdem eingesehen hat, daß der Bestand zu stark beansprucht
wurde, hat man die Zahl der Expeditionen nach Beendigung dieses
Krieges auf etwa 20 beschränkt. Außerdem hat es den Anschein,
als ob sich der Schwerpunkt der antarktischen Walindustrie von

Abb. 4. Verarbeitung eines Rippenstücks auf dem Vorderdeck der „Willem
Barendsz". Aufn. W. L. van Utrecht (Amsterdam)

Westeuropa nach Japan verschiebt. In der Saison 1960-1961 bestand die Antarktische Flotte aus 9 norwegischen, 2 englischen,
3 russischen, 1 holländischen und 7 japanischen Expeditionen.
Das Hauptprodukt des gegenwärtigen Walfangs ist selbstverständlich noch immer das Walöl, das hauptsächlich für die
menschliche Ernährung verwendet wird, aber daneben auch in
der Seifenindustrie, der Leder- und Linoleumindustrie und für die

8

Herstellung von Kunstharzen Anwendung findet. Pottwalöl kann zur Herstellung von Margarine und Seifen nicht verwendet werden, weil es kein Fett im eigentlichen Sinne, sondern eine wachsartige Verbindung ist (das Glyzerin ist durch höhermolekulare einwertige Alkohole ersetzt). Genau wie das Walrat (Spermaceti) aus dem mächtigen Kopfkissen des Pottwals, wird das Pottwalöl in der Pharmazie und Kosmetik verwendet. Es gehört zu den üblichen Bestandteilen von Hautcremen, Schminken und Lippenstiften. Daneben wird das Pottwalöl als Schmieröl benutzt. In Japan dient es auch zur Herstellung von Schuhcreme (Abb. 5).

Pottwalfleisch kann ebenfalls nicht zur menschlichen Ernährung dienen. Das Fleisch der Bartenwale ist jedoch sehr wohlschmekkend und erinnert in seinem Geschmack an Rindfleisch. Auf den meisten modernen Walfangmutterschiffen wird denn auch jetzt der magere Teil des Fleisches tiefgefroren und sogar mit speziellen Kühlschiffen abgeführt. Die größte Menge des Walfleisches wird in Japan gegessen, wo man es in vorzüglicher Weise zubereitet. In Westeuropa wird es teilweise vom Menschen gegessen, teilweise als Hundefutter verwendet. Wichtige Lieferanten von Walfleisch in Westeuropa sind übrigens auch die Landstationen in Norwegen, auf Island und auf den Färöer. Getrocknet als Fleischmehl, kann das Walfleisch auch als Viehfutter verwendet werden.

Aus den Knochen macht man Leim, Gelatine oder Knochenmehl, das als Kunstdünger angewendet wird. Aus den Barten lassen sich sehr gute Bürsten verfertigen, die aber dermaßen unverschleißbar sind, daß die Bartenindustrie an der Herstellung gar nicht interessiert ist. In Japan wird Fischbein noch in der Korsettindustrie verwendet (Abb. 5), aber in Westeuropa findet man es nur noch in gewissen Reitstiefeln und in den Bärenmützen der englischen und dänischen Gardesoldaten. Weitere Nebenprodukte des modernen Walfanges sind Vitamin A aus dem Leberöl, Fasern aus dem Bindegewebe (z. B. Heftfaden oder Saiten für Tennisschläger), Hormone aus verschiedenen Organen mit innerer Sekretion, Elfenbein aus Pottwalzähnen und Ambra, das als pathologisches Produkt dann und wann im Darm des Pottwals gefunden wird.

In den Jahren nach dem zweiten Weltkrieg wurden jährlich in den antarktischen Gewässern etwa 33000 Wale gefangen und

zwar etwa 25 000 Finnwale und 8000 Blau-, Sei-, Buckel- und
Pottwale. Dazu kommt dann noch der Ertrag von etwa 50 Landstationen, so daß im ganzen jährlich etwa 44 000 Wale erlegt

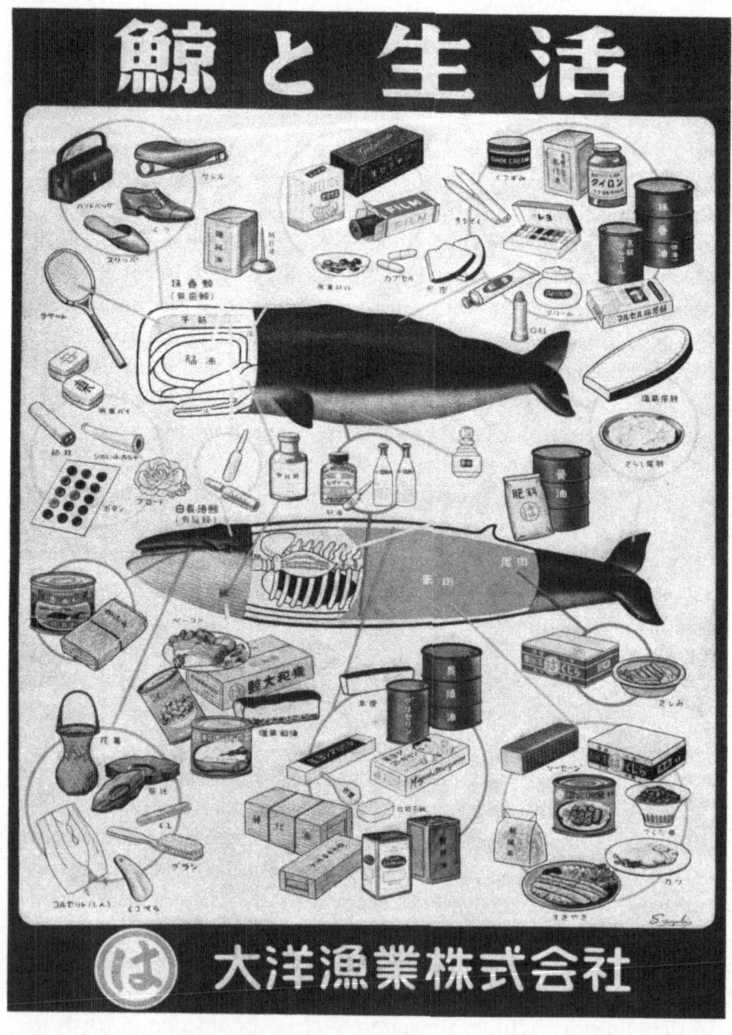

Abb. 5. Produkte, die man in Japan aus dem Pottwal und dem Finnwal
verfertigt

10

werden. Der Ölertrag beträgt übrigens nur etwa 2% der Fettproduktion der ganzen Welt und nur etwa 5% der Weltproduktion von tierischen Fetten.

Wenn man diese Zahlen liest, versteht man, daß man sich nicht nur in internationalen Naturschutzkreisen Sorgen um die Abnahme des Walbestandes macht, sondern daß auch die betreffenden Regierungen in internationalem Verband Maßregeln getroffen haben, damit der Wal als Nahrungsquelle für unsere Nachkommen erhalten bleibt. Schon 1924 und 1927 hat sich der Völkerbund (übrigens vergebens) um diese Angelegenheit bemüht, am 18. Januar 1936 kam das Genfer Abkommen, am 8. Juni 1937 das Londoner Abkommen zustande, während nach dem zweiten Weltkrieg die am Walfang beteiligten Staaten sich am 2. Dezember 1946 in Washington in der „International Whaling Commission" vereinigten. Zur Zeit sind 18 Regierungen in dieser Kommission vertreten und zwar Argentinien, Australien, Brasilien, Kanada, Dänemark, England, Frankreich, Island, Japan, Mexiko, die Niederlande, Neuseeland, Norwegen, Panama, Südafrika, Schweden, die Sowjetunion und die Vereinigten Staaten von Nordamerika. Chile, Ecuador und Peru haben sich am 11. August 1952 in einer speziellen Konvention vereinigt.

Die „International Whaling Commission" hat zahlreiche Bestimmungen für den Walfang gestellt. Es gibt eine beschränkte Saison, es gibt geschlossene Gebiete, Glattwale und Grauwale dürfen nicht gefangen werden, es gibt ein Mindestmaß, Weibchen mit Kälbern sind geschützt usw. Das meiste Kopfzerbrechen kostet der Kommission jedoch in jedem Jahre die Feststellung der Gesamtzahl der Wale, die von allen in den antarktischen Gewässern operierenden Expeditionen zusammen gefangen werden dürfen. Sie beträgt in den letzten Jahren etwa 15 000 Blauwaleinheiten (Blue Whale Units, d. h. 1 Blauwal, 2 Finnwale, 6 Seiwale oder $2^1/_2$ Buckelwale). Leider ist es nicht möglich, entweder trächtige Weibchen oder die weiblichen Tiere überhaupt zu schützen, weil man erst sehen kann ob ein Wal männlich oder weiblich ist, wenn man das Tier schon tot an der Leine hat. Nur bei Pottwalen besteht ein beträchtlicher Längenunterschied zwischen den beiden Geschlechtern. Deswegen gibt es für den Pottwalfang nur eine einzige wichtige Bestimmung: es ist verboten,

Tiere unter einer Länge von 11,6 Meter (38 Fuß) zu schießen. Die richtige Befolgung des internationalen Abkommens wird an Bord der Walfangmutterschiffe durch Inspektoren der eigenen Regierung kontrolliert. Man hat allerdings während der letzten Jahre eine internationale Inspektion geplant.

Selbstverständlich haben die obengenannten Bestimmungen eine genaue Kenntnis der Lebens- und Fortpflanzungsweise der Wale zu Voraussetzung (s. Kap. 11 und 12). Zwar haben in den vergangenen Jahrhunderten zahllose Untersucher die Anatomie des Braunfisches und anderer kleiner Zahnwale studiert (es fängt an mit BELON (1553) und mit BARTHOLINUS, der 1654 in Anwesenheit von König Friedrich III. von Dänemark einen Braunfisch sezierte), zwar haben ZORGDRAGER (1728), FABRICIUS (1780), JOHN HUNTER (1787) und WILLIAM SCORESBY (1820) gewisse Angaben über Bau und Lebensweise der großen Wale gemacht, aber im allgemeinen kann doch wohl gesagt werden, daß die Hunderttausende von Walen, die in den vergangenen Jahrhunderten gefangen wurden, blutwenig zum besseren Verständnis ihrer Biologie beigetragen haben. Die vergleichenden Anatomen des neunzehnten Jahrhunderts, CAMPER, VROLIK, VAN BENEDEN, ESCHRICHT, TURNER, KÜKENTHAL — um nur einige wenige von den vielen Forschern zu nennen — haben wichtige Fortschritte zum Verständnis des Baues und der Physiologie der Tiere gemacht, aber ebenfalls nur wenig wesentliches zur Kenntnis von Fortpflanzungsbiologie und Populationsdynamik beigebracht.

Erst in den zwanziger Jahren des 20. Jahrhunderts hat man in England und Norwegen mit dieser angewandten Forschung begonnen. Seitdem haben spezielle Forschungsinstitute in England, Norwegen, Holland, Australien, Kanada, der Sowjetunion und Japan eine Fülle von wichtigen Daten zur Lösung der mit der Erhaltung des Walbestandes zusammenhängenden Probleme geliefert. Ein sehr wichtiges Institut ist das „Bureau for International Whaling Statistics" in Sandefjord (Norwegen), das jedes Jahr den Weltfang aller Wale in ausgiebiger statistischer Bearbeitung publiziert. Auf die Ergebnisse der angewandten Walforschung und ihre Bedeutung für die in internationalem Verband zu treffenden Schutzmaßnahmen werden wir in Kapitel 12 näher eingehen.

2. Äußere Erscheinung: Abstammungsgeschichte

Jeder Schüler kann uns heutzutage sagen, daß Wale und Delphine keine Fische sind, sondern Säugetiere, und schon im Jahre 400 vor Christi Geburt erzählt uns der große Aristoteles, daß die Cetaceen Haare besitzen, daß sie nicht mit Kiemen, sondern mit Lungen atmen, daß die Jungen sich im mütterlichen Körper entwickeln, daß sie nach der Geburt mit der Muttermilch genährt werden und daß die Tiere eine horizontale Schwanzflosse haben, statt einer vertikalen, wie Fische oder Reptilien. Daß

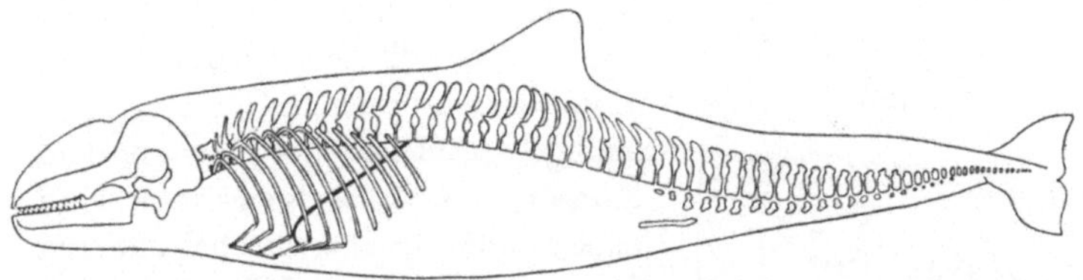

Abb. 6. Schematische Zeichnung des Skelettes (ohne Brustflossen) eines Braunfisches. Man beachte das Beckenrudiment und die Stellung des Zwerchfells

trotzdem nicht nur Aristoteles, sondern auch Plinius (etwa um Christi Geburt), BELON (1553) und RONDELET (1554) die Tiere in ihrer systematischen Einteilung bei den Fischen eingeordnet haben, ist der Tatsache zuzuschreiben, daß diese Autoren das Milieu in dem die Tiere leben, als Basis für ihre Einteilung des Tierreiches verwendeten. JOHN RAY hat 1693 als erster die Cetaceen den Säugetieren zugeordnet und bei LINNAEUS findet man auch schon die weitere Einteilung in Zahnwale (*Odontoceti*), mit Zähnen in ihren Kiefern, und Bartenwale (*Mystacoceti*), die keine Zähne besitzen und ihre Nahrung mit Hilfe von Barten erbeuten.

Unter den Bartenwalen unterscheidet man wieder die Glattwale, mit einer Rückenflosse und mit langen Barten, ohne Furchen auf der Bauchseite und ohne Rückenflosse (Grönlandwal, Nordkaper, Zwergglattwal), die Grauwale (*Eschrichtiidae*) mit kurzen Barten, 2—4 Furchen und ohne Rückenflosse (Grauwal aus dem Nordpazifischen Ozean) und die Furchenwale (*Balaenopteridae*) mit kurzen Barten, mit einer Rückenflosse und 70—100 Furchen auf der Bauchseite (Blauwal, Finnwal, Seiwal, Brydewal, Buckelwal, Zwergwal; Abb. 1 u. 14). Zu den Zahnwalen gehören die Pottwale

(*Physeteridae*) und Entenwale (*Ziphiidae*), die sich hauptsächlich von Tintenfischen ernähren, sowie die Delphine (*Delphinidae*), Flußdelphine (*Platanistidae*) und Braunfische (*Phocaenidae*, Abb. 6) deren Hauptnahrung aus Fischen besteht, wenn auch gewisse Arten viel Tintenfische fressen.

Die allgemeine Körperform der Wale ist diejenige eines Fisches oder eines Torpedos, eine Stromlinienform, eine Form, die den geringst möglichen Widerstand im Wasser gewährt (Abb. 6, 14). Die Haut ist glatt und nur an den Kiefern befinden sich Haare oder Rudimente von Haaren, die den Charakter von Sinneshaaren besitzen. Um ein regelmäßiges Abfließen des Wassers dem Körper entlang zu gewähren, sind nahezu alle Organe, die bei anderen Säugetieren aus dem Körper hervorragen, in diese Stromlinienform eingebaut. Es gibt keine Ohrmuscheln, es gibt keine hervorragenden Zitzen und sogar die äußeren Teile der Hintergliedmaßen fehlen vollkommen. Bei 20 mm langen Embryonen findet man noch deutlich Anlagen von Hinterflossen (Abb. 7), aber bei 30 mm langen Früchten sind diese schon wieder verschwunden. Die Hintergliedmaßen sind nur durch ein sehr einfaches, stabförmiges Beckenbein vertreten, das keine direkte Verbindung mit der Wirbelsäule besitzt (Abb. 6). Bei Glattwalen trägt es noch ein Rudiment des Oberschenkelbeins, während solche Rudimente oder sogar aus dem Körper hervorragende Flossenrudimente als seltene Abnormalität auch bei anderen Walen gefunden wurden. Die Vordergliedmaßen sind dagegen immer zu platten, mehr oder weniger langen Flossen ausgewachsen, die noch alle Skelettelemente des normalen Vorderbeines besitzen und die, genau wie die Hinterbeine, bei jungen Embryonen als normale Säugetiergliedmaßen angelegt werden.

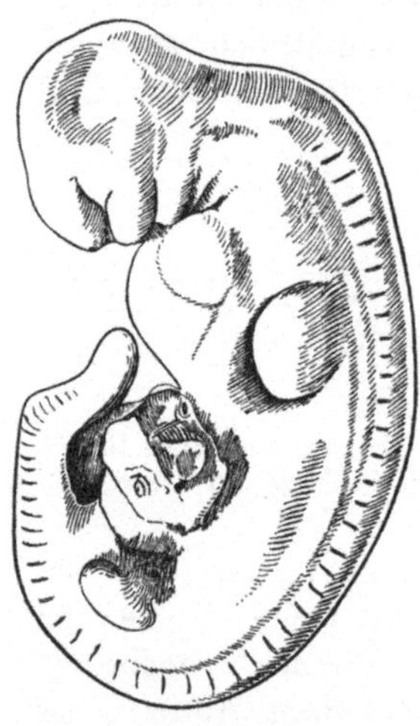

Abb. 7. Ein 8 mm langer Embryo vom Braunfisch. Man beachte die Anlage der vorderen und hinteren Gliedmaßen. Nach MÜLLER (1920)

Diese Tatsache gibt uns einen Hinweis, daß die Cetaceen von normalen, auf dem Lande lebenden Säugetieren abstammen. Untersuchungen über die chemische Zusammensetzung der Eiweiße ihres Blutes haben ergeben, daß sie unter den Säugetieren wahrscheinlich am meisten mit den Raubtieren und Huftieren und sogar besonders mit den Paarhufern (Rindern, Kamelen) verwandt sind. Wahrscheinlich sind die Tiere gemeinsam mit den Raub- und Huftieren einer Gruppe von kleinen insektenfressenden Raubtieren (*Insectivora-Creodonta*) entsprossen, die vor etwa 125 Millionen Jahren im Kreidealter gelebt haben.

Von den Übergangsformen zwischen diesen Landtieren und den Walen kennen wir übrigens noch kein einziges Fossil, denn die ältesten Vertreter der Cetaceen, deren

Abb. 8. Schematische Rekonstruktion eines Urwals (Basilosaurus), der vor etwa 35 Millionen Jahren im Meer gelebt hat, wo sich jetzt der Staat Alabama (USA) befindet

Überreste im Eozän (vor etwa 45 Millionen Jahren) von Nordamerika, Ägypten, Neuseeland und Nigeria gefunden wurden, sind schon richtige Wassertiere. Diese Urwale (*Archaeoceti*, Abb. 8), die teilweise eine delphinartige, teilweise eine schlangenförmige Gestalt besaßen und 2—20 Meter lang waren, zeigen aber noch eine Anzahl primitiver Merkmale, die auf eine Abstammung von Landsäugetieren hinweisen. So haben z. B. die Vordergliedmaßen einen weniger ausgesprochen flossenartigen Charakter, während das Becken eine deutliche Gelenkhöhle für den Gelenkkopf des ebenfalls vorhandenen Oberschenkelbeins besitzt. Ein sehr schönes primitives Merkmal findet man aber auch in der Lage der Nasenöffnung.

Die Nasenöffnung, die man bei den Walen das Spritzloch nennt, liegt bei sehr jungen (4—5 mm langen) Embryonen an der Schnauzenspitze, genau wie bei allen Landsäugetieren. Bei 22 mm langen Embryonen ist das Spritzloch aber schon so weit nach hinten verschoben, daß es sich an genau derselben Stelle befindet, wie bei den erwachsenen Tieren, d. h. oben auf dem Kopfe, hinter der eigentlichen Schnauze (Abb. 9). Warum die Nasenöffnung an dieser Stelle liegen muß, ist noch nicht völlig geklärt, man bekommt jedoch den Eindruck, daß es mit der Gewichtsverteilung im Körper zusammenhängt. Wie Abb. 10 zeigt, wird die Lage eines im Wasser schwebenden Säugetieres von zwei entgegengesetzten Kräften bestimmt: die nach unten gerichtete Schwerkraft und den nach oben gerichteten Auftrieb. In Zusammenhang

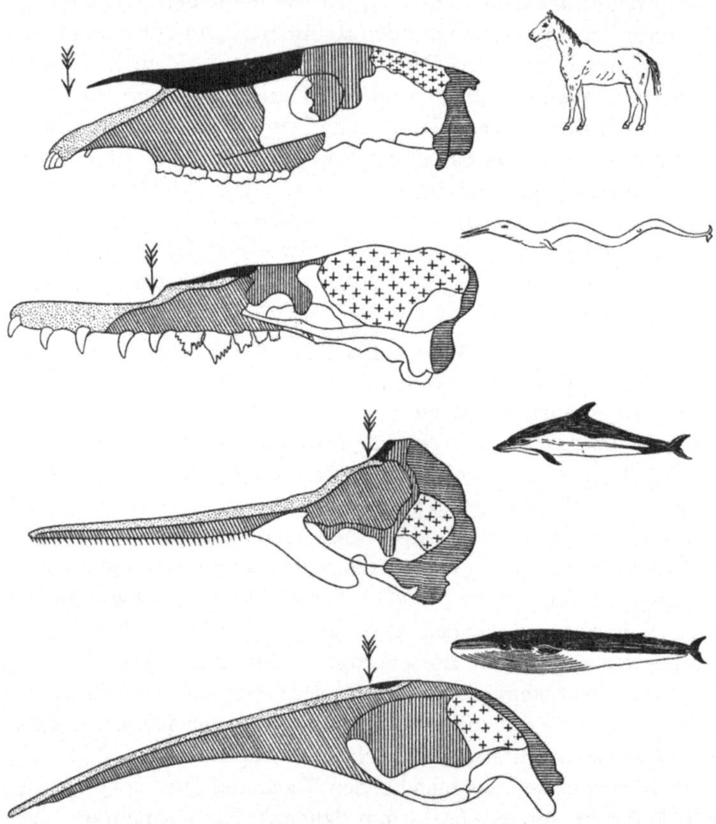

Abb. 9. Schädel vom Pferd, eines Urwals, eines Zahnwals (Delphin) und eines Bartenwals (Finnwal), um die Rückwärtsverschiebung der Nasenöffnung und die Ineinanderschiebung der Schädelknochen zu zeigen. Punktiert: Zwischenkieferbein; schwarz: Nasenbein; senkrecht schraffiert: Stirnbein; schräg schraffiert: Oberkieferbein; Kreuze: Scheitelbein; waagerecht schraffiert: Hinterhauptsbein

mit der Lage der Lungen, liegt der Angriffspunkt des Auftriebes immer weiter kopfwärts als der Angriffspunkt der Schwerkraft. Dadurch entsteht ein Koppel und das Tier dreht sich, bis beide

16

Punkte senkrecht untereinander liegen. Es bekommt deswegen
eine derartige schräge Lage im Wasser, daß die Schnauzenspitze
genau oberhalb des Wasserspiegels liegt. Mit Ausnahme des Menschen und der Menschenaffen ertrinkt daher ein Säugetier nicht,
oder wenigstens nicht sofort, wenn es ins Wasser fällt.

Bei den Walen liegen die Verhältnisse jedoch anders. Wenn der
Schwerpunkt und der Angriffspunkt des Auftriebes auf einer

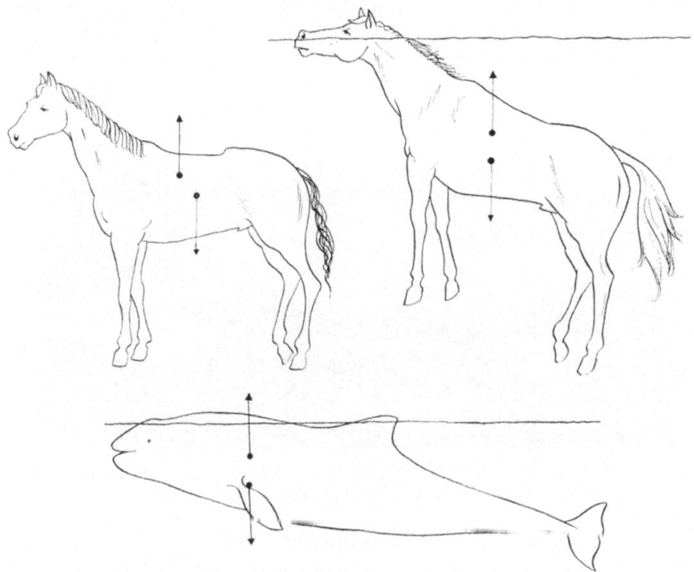

Abb. 10. Lage eines Pferdes und eines Braunfisches im Wasser, verursacht
durch die Wirkung des Drehmomentes, das von der Schwerkraft und vom
Auftrieb gebildet wird

senkrechten Linie liegen, hat der Körper eine nahezu horizontale
Lage. Bei schlafenden oder bei langsam auftauchenden Walen und
Delphinen kann man das oft sehr gut beobachten (Abb. 11). In
dieser Lage befindet sich die Schnauzenspitze jedoch unter Wasser
und nur der mittlere und hintere Teil des Kopfes ragen aus dem
Wasser hervor. Deswegen befindet sich dort die günstigste Stelle
für die Ausmündung des Nasenganges: das Spritzloch. Nur beim
Pottwal liegt die Nasenöffnung ganz vorne und oben im Sperma-
cetikissen. Wahrscheinlich handelt es sich hier aber um ein neu

erworbenes, mit der Entwicklung des Spermacetikissens zusammenhängendes Merkmal, weil die von Knochen umschlossenen Nasengänge sich an genau derselben Stelle des Schädels befinden wie bei den übrigen Walen.

Bei der Verschiebung der Nasenöffnung nach hinten und oben und bei der Verlängerung der Kiefer, die mit der Entwicklung des Fanggebisses der Zahnwale und der Bartenreihe der Bartenwale zusammenhängt, haben auch gewisse Änderungen in der

Abb. 11. Auftauchende Pottwale an der Küste von Neuguinea. Man beachte ihre nahezu horizontale Lage. Aufn. R. STEPHAN

gegenseitigen Lage der Schädelknochen stattgefunden. Das Nasenbein ist nach hinten verschoben, während die Ober- und Zwischenkieferbeine stark nach hinten ausgewachsen sind. Sie sind dabei über (bei den Bartenwalen auch teilweise unter) das Stirnbein geschoben, während das Scheitelbein völlig nach der Seite gedrängt wird (Abb. 9).

Diese Ineinanderschiebung der Schädelknochen hat bei den Urwalen noch nicht stattgefunden, aber die Nasenöffnung liegt doch schon nicht mehr an der Schnauzenspitze, sondern etwa halbwegs an der Stelle wo sie bei den rezenten Walen und wo sie bei den Landsäugern zu finden ist. Nur bei einem der jüngeren Urwale, *Patriocetus*, ein nur wenige Meter langes Tier aus den oberoligozänen Sanden von Linz a. d. Donau, tritt eine Ineinanderschiebung auf und zwar in genau derselben Weise wie bei

18

den Bartenwalen. Auch in verschiedenen anderen Merkmalen
(wie z. B. dem Verlauf der Arterienrinnen auf den Körpern der
hinteren Lenden- und vorderen Schwanzwirbel) gibt es eine weit-
gehende Übereinstimmung zwischen Urwalen und Bartenwalen.
Zwar gibt es Argumente, die einer direkten Abstammung der
Bartenwale von den Urwalen widersprechen, aber es steht wohl
fest, daß die Urwale viel näher mit den Barten- als mit den Zahnwalen verwandt sind.

Die Anwesenheit eines gut entwickelten Gebisses bei den Urwalen braucht dieser These bestimmt nicht zu widersprechen, da

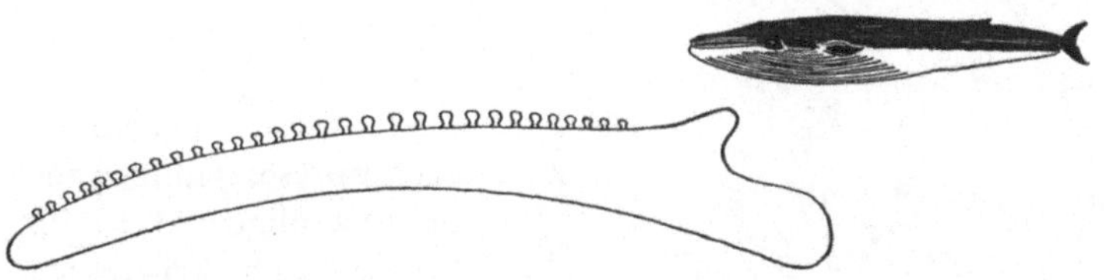

Abb. 12. Rechter Unterkiefer eines 128 cm langen Finnwalfötus mit Zahnkeimen

die Bartenwale bestimmt von Vorfahren mit einem gut entwickelten Gebiß abstammen. In beiden Kiefern von Bartenwalföten mit
einer Länge zwischen 30 und 300 cm (die Maße sind vom Finnwal),
d. h. mit einem Alter von 3—8 Monaten, befindet sich nämlich
eine Reihe von Zahnkeimen (Abb. 12), die bei älteren Föten —
wenn die Anlage der Barten erscheint — wieder vollkommen
resorbiert werden. Manche von diesen Zahnanlagen zeigen sogar
die dreispitzige Krone, die als charakteristisch für das Gebiß der
Urwale gilt. Das Gebiß der Urwale erinnert übrigens in seinem
ganzen Bau und in seiner Zusammensetzung sehr stark an das
Gebiß einer rezenten Robbe aus den antarktischen Gewässern,
die sich fast ausschließlich von Krebsen ernährt (*Lobodon carcino-
phagus*). Wenn wir annehmen, daß wenigstens manche Urwale
Krebsfresser gewesen sind, findet man auch in der übereinstim-
menden Nahrung einen Hinweis auf eine engere Verwandtschaft
zwischen Urwalen und Bartenwalen.

Die ältesten fossilen Bartenwale sind übrigens schon bekannt
aus einer Zeit (Mitteloligozän, etwa vor 27 Mill. Jahren) als die
Urwale noch nicht ausgestorben waren. Es sind schon echte,
wenn auch primitive Bartenwale, ohne irgendwelche Spur eines

Gebisses bei den erwachsenen Tieren. Was bei den Fossilen aus dem Oligozän und Miozän am meisten auffällt, ist ihre geringe Länge, die nur 2,75—9,75 m beträgt. Im Pliozän (vor 7—1 Mill. Jahren) haben die Glattwale schon ihre jetzige Länge erreicht (5—15 m), aber die Furchenwale aus den pliozänen Ablagerungen von Antwerpen oder von den östlichen Niederlanden waren mit einer Länge von 3,5—15 m bestimmt viel kleiner als ihre jetzt lebende Nachkommenschaft (9 bis 33 m).

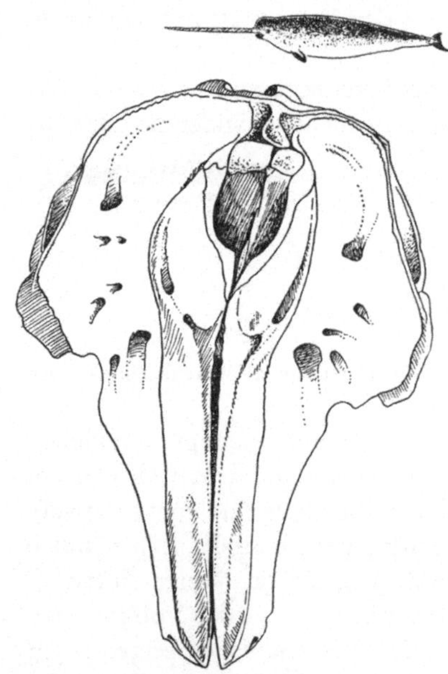

Abb. 13. Schädel eines weiblichen Narwals, um die asymmetrische Entwicklung der Knochen zu zeigen. Nach VAN BENEDEN u. GERVAIS, 1880

Die ältesten bekannten Zahnwalreste stammen aus dem Oberoligozän (30 Mill. Jahre). Auch bei diesen Tieren werden die Abmessungen im allgemeinen allmählich größer, während sich außerdem eine sehr merkwürdige Asymmetrie im Schädel entwickelt. Die Schädel der ältesten Zahnwale sind noch vollkommen symmetrisch, bei den rezenten Arten sind jedoch gewisse Knochen der rechten Seite stärker entwickelt als an der linken Seite und sogar das Spritzloch kann eine auffallend asymmetrische Lage zeigen (Abb. 13). Wie diese Asymmetrie entstanden ist, ist noch völlig ungeklärt. Die Tiere zeigen in ihrem weiteren Bau genau dieselben Symmetrieverhältnisse wie die Landsäugetiere. Herz und Lungen sind sogar symmetrischer gestaltet als bei den Landsäugetieren.

Nachdem wir also die verwandtschaftlichen Beziehungen und die Abstammungsgeschichte der Cetaceen wenigstens gestreift haben, sei zum Schluß dieses Kapitels noch auf einige Merkmale ihrer äußeren Erscheinung hingewiesen. Zuerst die Farbe. Die Beluga hat eine gelbweiße Farbe, der Narwal ist braungelb mit einer dunklen Fleckenzeichnung, aber die meisten übrigen Wale und Delphine sind entweder vollkommen schwarz (Glattwale, Pottwal, Grindewal) oder — was weitaus am häufigsten vorkommt — oben schwarz und an der Unterseite weiß. Diese Farbverteilung, die man auch bei Fischen und bei sehr vielen Landtieren antrifft, verursacht, daß die Tiere bei von oben einfallendem Licht einen nahezu gleichmäßig gefärbten Eindruck machen und sich sehr wenig von ihrer Umgebung abheben. Es wird nämlich von dem auffallenden Licht durch die schwarze Oberseite wenig und durch die sich im Schatten befindende Unterseite viel Licht zurückgestrahlt („countershading").

Farbunterschiede zwischen den Geschlechtern trifft man bei den Walen nicht an und auch sonst sind die äußeren Unterschiede nur unbedeutend. Bei den Bartenwalen sind die erwachsenen Weibchen im Mittel 1—2 Meter länger als die Männchen. Bei den Zahnwalen ist das meistens genau umgekehrt, wenn auch die Unterschiede hier von 6 Metern (Pottwal) bis zu wenigen Zentimetern variieren. Beim Entenwal und beim Orca gibt es außerdem deutliche Unterschiede in der Entwicklung des Stirnkissens und der Rückenflosse. Meistens sieht man den Geschlechtsunterschied nur, wenn man die Bauchseite der Tiere beobachten kann. Abb. 14 zeigt, daß bei den Männchen der Penisschlitz etwa halbwegs zwischen Anus und Nabel liegt,

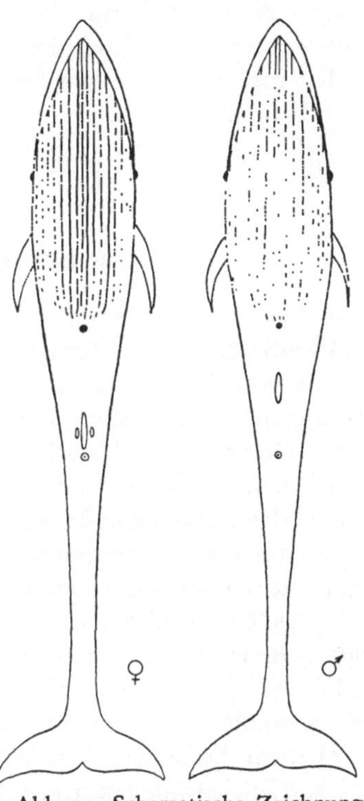

Abb. 14. Schematische Zeichnung eines weiblichen und männlichen Finnwals von der Bauchseite

während bei den Weibchen die Genitalöffnung sich unmittelbar vor der Analöffnung befindet.

Die ebenfalls auf Abb. 14 angegebenen Furchen der Furchenwale reichen bei beiden Geschlechtern und bei den meisten Arten etwa bis zum Nabel. Ihre Bedeutung ist noch nicht ganz klar. Einen Zusammenhang mit den Strömungsverhältnissen des Wassers hat man bis jetzt nicht feststellen können und so ist es am wahrscheinlichsten, daß sie mit der Erweiterung des Mundes bei der Nahrungsaufnahme in irgendeiner Beziehung stehen (siehe Kap. 8).

3. Schwimmen

Das Leben der Wale und Delphine spielt sich hauptsächlich in der Verborgenheit des Wassers ab. Dennoch sieht der Meeresreisende von diesen Tieren mehr als von den Fischen, weil sie gezwungen sind, für ihre Atmung an der Oberfläche zu erscheinen. So sind Delphine, die das Schiff vor dem Bug begleiten (Abb. 15), jedem Seemann ein vertrautes Bild, und auch den großen Walen kann er dann und wann begegnen. In seltenen Fällen kann diese Begegnung sogar einen dramatischen Charakter haben, wenn das Schiff mit seinem Bug einen an der Oberfläche schlafenden Wal trifft. Das Tier wird dann meistens so stark verletzt, daß es dem Tode verfallen ist, während das Schiff sich erst vom Körper frei machen muß, ehe es weiterfahren kann. Bei allen derartigen bis jetzt bekannten Zusammenstößen handelte es sich um Pottwale, die offenbar besonders fest schlafen können. Aber auch Glattwale und Buckelwale hat man öfters schlafend oder schlummernd an der Meeresoberfläche angetroffen. Die übrigen Furchenwale machen einen aktiveren Eindruck, wenn man sie auch, namentlich in den tropischen Gewässern, dann und wann schlafend gesehen hat.

Gewöhnlich sieht man die Tiere aber nur, wenn sie zum Atmen an die Oberfläche kommen und dann sind sie nur wenige Sekunden sichtbar. Wenn die großen Wale langsam schwimmen, kommen sie in einer nahezu horizontalen Lage an die Oberfläche, schwimmen sie aber schnell, dann ist ihre Lage viel schräger und machen sie eine Wendung nach Art eines Purzelbaumes. Dabei

sieht man ein ziemlich großes Stück des Rückens und des Schwanzes über der Wasseroberfläche (Abb. 16, 17) und nur in diesem
kurzen Augenblick kann das Tier von den Walfängern geschossen

Abb. 15. Zwei Arabische Tümmler (Tursiops aduncus) vor dem Bug des Schiffes
bei Djibouti. Man beachte die geöffneten Spritzlöcher und die Torpedoform
der Körper. Aufn. Kapitän W. F. J. Mörzer Bruins

Abb. 16. In einem Halbkreis auftauchender Finnwal. Man sieht gerade die
Rückenflosse. Aufn. W. L. van Utrecht (Amsterdam)

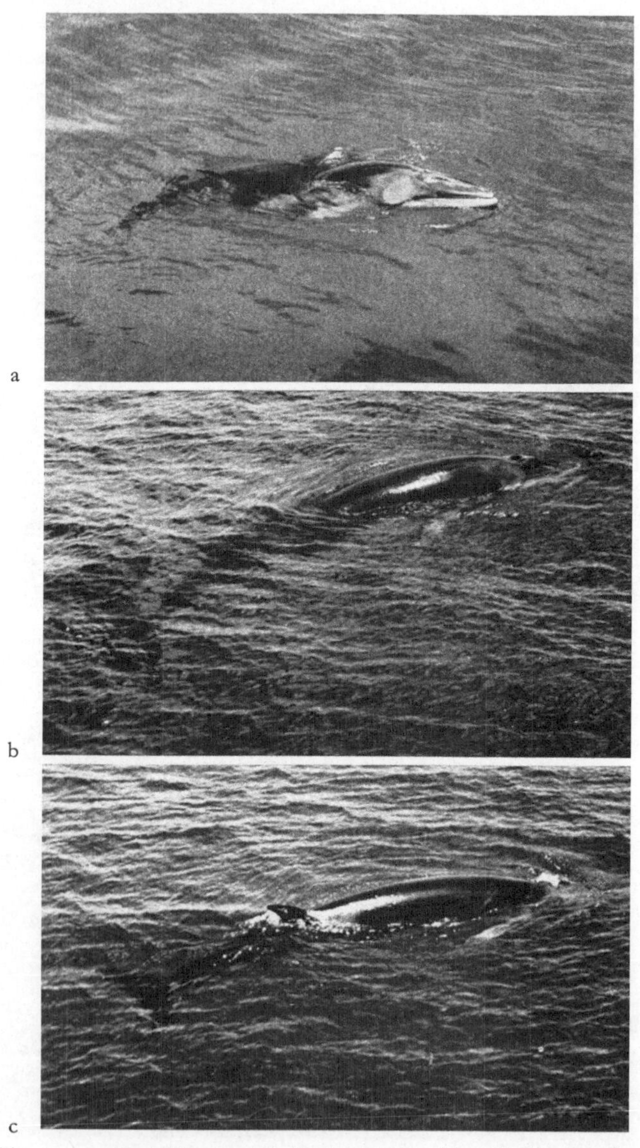

Abb. 17a—c. Drei Momentaufnahmen eines in einem Halbkreis auftauchenden Zwergwals im Hafen von Réunion. Aufn. Kapitän W. Peeters

werden. Glattwale, Grauwale, Buckelwale und Pottwale zeigen beim Tauchen meist ihre Schwanzflosse über Wasser (Abb. 25), in jedem Fall aber, wenn sie zu einem tiefen Tauchen nach unten gehen. Bei den übrigen Bartenwalen bleibt die Schwanzflosse gewöhnlich unter Wasser.

Abb. 18. Ein Buckelwal springt aus dem Wasser. Nach GLASSELL, 1953

Alle Cetaceen sind spielerische Tiere, die in ihrem Bewegungsspiel manchmal aus dem Wasser emporspringen. Delphine springen regelmäßig in einem mehr oder weniger flachen Bogen über Wasser, können aber auch wohl ein ganzes Stück völlig senkrecht in die Luft schießen. Unter den großen Walen ist vor allem der Buckelwal ein wahrer Akrobat, der häufig völlig aus dem Wasser springt oder sogar Saltos ausführt (Abb. 18, 19). Auch schlägt er gerne mit seinen an Mühlenflügel erinnernden Brustflossen auf das Wasser. Pottwale springen ebenfalls häufig völlig oder teilweise aus dem Wasser. Von den großen Furchenwalen sieht man es weniger, obwohl man es einige Male beobachtet hat.

Beim normalen Schwimmen der Cetaceen spielen die Brustflossen gar keine oder nur eine sehr untergeordnete Rolle. Die Fortbewegung im Wasser beruht vollkommen auf Bewegungen des Schwanzes mit der Schwanzflosse, d. h. auf demjenigen Teil des Körpers, der sich hinter der Analöffnung befindet. Filmaufnahmen, die man in den großen amerikanischen Aquarien von unter Wasser schwimmenden Tümmlern, Delphinen und von einem Zwergpottwal aufgenommen hat, haben gezeigt, daß der Schwanz dabei genau vertikal auf und ab bewegt wird (Abb. 20). Versuche über die Bewegungsmöglichkeiten im Delphinkörper haben die Ergebnisse der Filmaufnahmen bestätigt und gezeigt, daß die vertikale Bewegung des Schwanzes hauptsächlich in der

Abb. 19. Zeichnung der Purzelbäume eines Buckelwals, nach einer Beobachtung von den Kauffahrtei-Offizieren BANNAN und HERMANS an der Ostküste Australiens

Abb. 20. Pazifische Weißschnauzendelphine schwimmend im Aquarium Marineland (Calif.). Die verschiedene Stellung des Schwanzes bei den beiden Tieren zeigt die vertikale Bewegung dieses Körperteils. Die schräge Stellung der Schwanzflosse ist beim hinteren Tier gut zu sehen

Gegend der Schwanzwurzel, d. h. in der Analgegend, stattfindet. Ein zweites Zentrum der Bewegung liegt an dem Übergang des Schwanzes in die Schwanzflosse (Abb. 21).

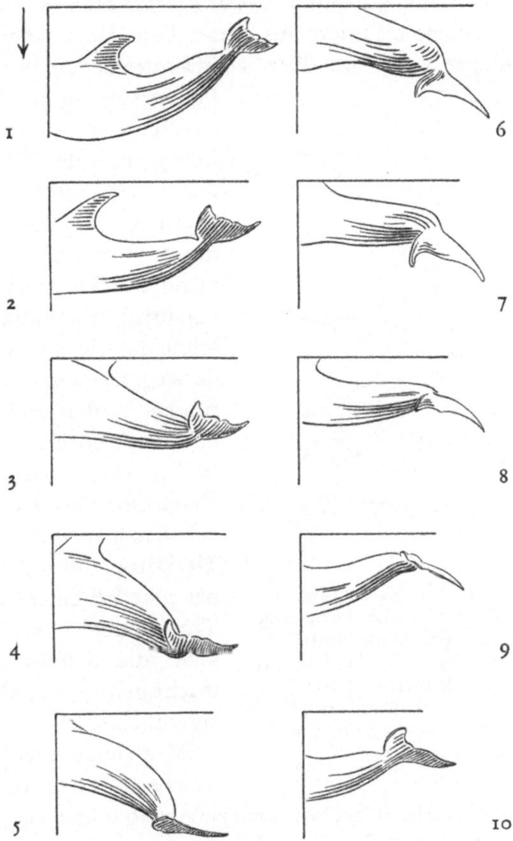

Abb. 21. Zehn Momente aus einem Film eines im Aquarium Marineland (Flor.) schwimmenden Tümmlers. 1—5 Abschlag, 6—10 Aufschlag. Abgeändert nach Abbildungen von PARRY, 1949

Aus einer genauen Analyse der Filmaufnahmen hat sich ergeben, daß sowohl beim Aufschlag wie beim Niederschlag die Schwanzflosse in der Bewegung ein wenig zurückbleibt und deswegen immer eine schräge Stellung in Hinsicht auf den übrigen Schwanz einnimmt. Die Kraft, die von dem Widerstand des Wassers erzeugt wird, ist deswegen beim Niederschlag schräg aufwärts und vorwärts und beim Aufschlag abwärts und vorwärts gerichtet (Abb. 22). Weil die auf- und abwärtsgerichteten Komponente einander aufheben, resultiert aus dieser Bewegung während des ganzen Schlages eine das Tier vorwärtstreibende Kraft. Die Fortbewegung beruht nahezu völlig auf den von der Bewegung der Schwanzflosse erzeugten Kräften, weil der übrige Schwanzteil durch seine seitlich zusammengedrückte Form (sehr hochoval) das Wasser durchschneidet wie ein Messer und deswegen einem nur sehr geringen Widerstand begegnet. Wer sich nicht gut vorstellen kann, daß eine so kleine Oberfläche wie die der Schwanzflosse den ganzen Tierkörper antreiben kann, der sehe bei einem Schiff im Trockendock einmal zu, wie klein die Schrauben eines mächtigen Ozeandampfers eigentlich sind.

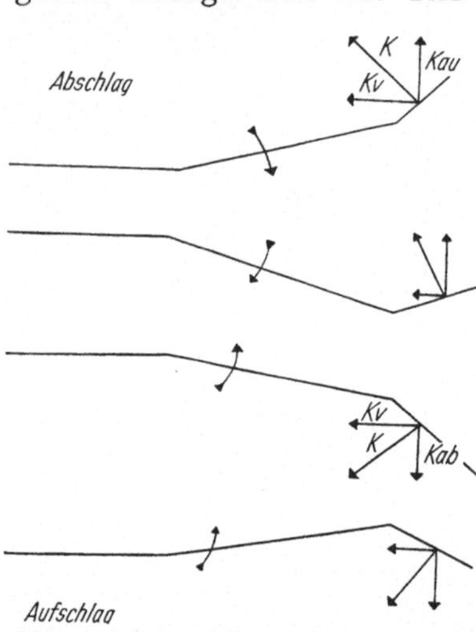

Abb. 22. Schematische Zeichnung der Kräfte, die bei der Auf- und Abbewegung des Schwanzes eines Delphins auftreten. Die Kraft K, die durch den Widerstand im Wasser entsteht, kann in eine vorwärts (Kv) und eine abwechselnd aufwärts (Kau) und abwärts (Kab) gerichtete Komponente zerlegt werden

Wenn wir uns jetzt fragen, welche Geschwindigkeit Wale und Delphine beim Schwimmen zeigen, so müssen wir uns erst darüber klar werden, daß in dieser Hinsicht zweierlei Leistungen zu beachten sind. Man muß die nur sehr kurz dauernde Maximalgeschwindigkeit, die mit einem Kurzstreckenlauf verglichen werden kann, gut unterscheiden von der Normalgeschwindigkeit, die das Tier viele Stunden hintereinander aushalten kann und die mit einem Marathonlauf zu vergleichen ist.

Glattwale, Grauwale und Buckelwale sind bestimmt langsame Schwimmer mit einer Maximalgeschwindigkeit von etwa 6 (beim

28

Buckelwal 10) und einer Normalgeschwindigkeit von 2—3 Meilen[1]
in der Stunde. Pottwale sind mit resp. 10 und 20 Meilen zwar
viel schneller, sie bleiben aber gegenüber den Leistungen der
Furchenwale bestimmt zurück. Diese Tiere haben eine Normalgeschwindigkeit von 12—14 Meilen, während als Höchstleistung
von Finn- und Seiwalen eine Geschwindigkeit von 35 Meilen
festgestellt wurde. Die Unterschiede zwischen den verschiedenen
Arten hängen unverkennbar zusammen mit der allgemeinen
Körperform und mit der Dicke der Speckschicht, die bei den
Glattwalen etwa 50, bei Pottwalen etwa 16 und bei den Furchenwalen etwa 10 cm beträgt. Wenn die Glattwale dieselbe Geschwindigkeit zeigen würden wie die Furchenwale, so würden sie bestimmt an Wärmestauung zugrunde gehen.

Bei den Süßwasserdelphinen sind die Höchst- und die Normalgeschwindigkeit etwa durchschnittlich 10 bzw. 2—3 Meilen,
Tümmler und Delphine können jedoch eine Normalgeschwindigkeit von etwa 20 Meilen zeigen. Im Kurzstreckenlauf werden sie
bestimmt noch höhere Geschwindigkeiten erreichen können.
Diese Tiere und die Furchenwale können also gleichen Schritt
halten mit unseren modernen, großen Passagierdampfern, während
sie die Geschwindigkeit eines nicht atomaren Unterseebootes
(8 Meilen unter Wasser) um ein vielfaches übertreffen. Das merk-
würdigste dieser ganzen Angelegenheit ist jedoch, daß die Geschwindigkeit der kleinen Tümmler und Delphine genau dieselbe
ist wie diejenige ihrer Verwandten, deren Größe (Inhalt oder Gewicht) etwa das Tausendfache beträgt. Von Schiffen wissen wir
ja alle, daß im allgemeinen die Geschwindigkeit mit dem Tonnen-
gehalt zunimmt.

Mit der Erklärung dieser paradoxen Erscheinung („Paradox
von Gray") haben Untersucher aus dem zoologischen Laboratorium in Cambridge und andere englische Wissenschaftler sich
während der letzten Jahrzehnte eingehend beschäftigt. Ihre Erklärung liegt in den Ergebnissen der Strömungslehre, die uns
zeigen, daß bei der Strömung des Wassers entlang einem festen
Körper, die dem Körper am nächsten liegenden Wasserteilchen
einer größeren Verzögerung unterworfen sind als die weiter vom
Körper entfernten Teilchen. Wenn die in verschiedenem Maße

[1] Eine Seemeile (Knoten) ist 1851,85 m.

verzögerten Wasserschichten glatt aneinander vorbeifließen, nennt man die Strömung laminär. Wenn jedoch durch zu große Geschwindigkeitsunterschiede eine Wirbelbewegung erzeugt wird, nennt man die Strömung turbulent. Eine turbulente Strömung erzeugt einen um ein vielfaches größeren Widerstand als die laminäre. Die englischen Untersucher haben nun errechnet, daß man die Leistung von Tümmlern und Delphinen nur erklären kann, wenn man annimmt, daß die Strömung dem ganzen Körper entlang laminär ist.

Der Natur der Sache nach hat man versucht, im Modellversuch festzustellen ob die Strömung tatsächlich laminär ist. Diese Versuche hatten jedoch keinen befriedigenden Erfolg, weil man gezwungen war, mit starren Modellen zu arbeiten. Die Strömung entlang eines sich selbst bewegenden Körpers, wie es der Körper eines schwimmenden Delphins ist, ist jedoch sehr verschieden von der Strömung entlang eines starren Körpers entsprechend dem Modell. Bisher ist es noch nicht gelungen, einen schwimmenden Delphin im Modell nachzuahmen. Dennoch hat man bei den Versuchen gewisse Hinweise auf eine laminäre Strömung erhalten.

Durch die viel größere Länge und die Körperform der Furchenwale ist es sehr gut möglich, daß die Strömung ihrem Körper entlang wenigstens teilweise turbulent ist. Man hat errechnet, daß man nur für das hintere Drittel eines großen Walkörpers die turbulente Strömung anzunehmen braucht, um den großen Widerstand erklären zu können und damit Übereinstimmung zu erzielen mit der Geschwindigkeit der Delphine.

Man kann sich jedoch zur Erklärung auch noch einen anderen Faktor denken, der wahrscheinlich mit dem obengenannten zusammenarbeitet. Es ergibt sich nämlich, daß die Rücken- und Schwanzmuskeln, die hauptsächlich den Motor dieser Tiere darstellen, bei den Delphinen in viel wirksamerer Weise an den Wirbelfortsätzen befestigt sind als bei den großen Walen. Eine eingehendere Erklärung würde über den Rahmen dieses kleinen Buches hinausgehen. So sei hier nur erwähnt, daß durch die Stelle der Befestigung ihrer Sehnen an den Dornfortsätzen und den Chevrons (Fortsätze an der Unterseite der Schwanzwirbel) die Muskeln der Delphine mit einem viel größeren Hebelarm arbeiten können als die der großen Wale.

4. Atmen und Tauchen

In Büchern für Kinder oder auf Zetteln von Lebertranflaschen sieht man öfters Wale abgebildet mit einem schönen, aus dem Kopf hervorspritzenden Wasserstrahl. Das ist aber nicht richtig, denn was man wirklich sieht ist kein Wasserstrahl, sondern eine Dampfwolke, der „Blåst". Denn Wale sind Säugetiere, die nicht

Abb. 23. Drei Finnwale beim Auftauchen. Besonders beim linken Tier ist der „Blåst" gut zu sehen. Aufn. W. L. van Utrecht (Amsterdam)

mit Kiemen, sondern mit Lungen atmen und deswegen gezwungen sind ab und zu an die Oberfläche zu kommen und die Luft in ihren Lungen zu erneuern. Bei der Ausatmung entsteht dann die charakteristische Dampfwolke (Abb. 23, 77), die bei den Glattwalen 3—4, beim Buckelwal 2, beim Finnwal 4—6, beim Blauwal 6 und beim Pottwal 5—8 m hoch ist. An der Form des Blåst kann der Sachverständige die Tierart meistens sehr gut bestimmen, besonders wenn es keinen starken Wind gibt, wodurch der Blåst sonst schnell verweht. Glattwale haben einen doppelten Blåst, bei den Furchenwalen ist die Wolke mehr oder weniger birnenförmig (Abb. 24) und beim Pottwal ist sie schräg nach vorne gerichtet (Abb. 25).

Daß es sich bei dem Blåst um kondensierten Wasserdampf handelt, ist ohne weiteres deutlich und man ist auch öfters geneigt anzunehmen, daß die Dampfwolke in derselben Weise entsteht wie die weiße Atemwolke, die wir bei frostigem Wetter vor unserem eigenen Mund beobachten können. Aus der Tatsache aber, daß der Blåst der Wale in den warmen Gewässern nahezu ebenso gut sichtbar ist wie im Treibeis, geht hervor, daß die

Abb. 24. Dampfwolke eines auftauchenden Seiwals. Nach ANDREWS, 1916

Kondensierung des Wasserdampfes hauptsächlich durch die Expansion der Atmungsgase entsteht. Die Atemluft wird nämlich mit ungeheurer Kraft durch den verhältnismäßig engen Nasengang und durch das Spritzloch gepreßt. Die Luft wird dadurch stark komprimiert, expandiert sich aber plötzlich in der freien Außenluft und kühlt durch diese Expansion so stark ab, daß der Wasserdampf kondensiert wird.

Der ganze Prozeß von Aus- und Einatmung dauert nur 1—2 Sekunden. Bei einem großen Wal kann in dieser kurzen Zeit eine Luftmenge von etwa 2000 l das Spritzloch zweimal passieren. Wenn die Furchenwale ruhig an der Oberfläche des Wassers schwimmen, sieht man meistens alle 1—2 Minuten einen neuen Blåst, wenn die Tiere aber wirklich tief tauchen, kann die Zeit zwischen zwei Atmungen 4—40 Minuten betragen. Diese Atempause hängt natürlich mit der Tauchtiefe aufs engste zusammen.

Das Futter der großen Furchenwale, das „Krill", befindet sich hauptsächlich in den oberen 50 und hier wieder besonders in den oberen 10 m des Wassers. Die Tiere tauchen deswegen meistens nicht tiefer als 10—50 m. Man hat jedoch mittels an Harpunen befestigten Manometern festgestellt, daß die Tiere ohne jede Beschwerde bis zu 350 m tauchen können. Von Pottwalen und Entenwalen sind aber noch viel größere Leistungen bekannt. An den Tintenfischen, die man in den Mägen dieser Tiere gefunden hat, wurde schon festgestellt, daß sie mindestens bis zu 500 m

Abb. 25. Von J. Stel gezeichnete Skizzen eines bei der südamerikanischen Küste auftauchenden, blasenden und seine Schwanzflosse zeigenden Pottwals

tauchen können. Die wichtigsten Daten über die Tauchtiefe dieser Tiere liefern uns aber die Kadaver oder Skelette von Pottwalen, die sich beim Tauchen in auf dem Meeresboden liegenden Telegraphen- oder Fernsprechkabeln verfangen haben und deswegen ertrunken sind (Abb. 26). Bis jetzt kennt man 13 derartige Fälle, meistens von der pazifischen Küste Nordamerikas, aber auch von Brasilien und von dem Persischen Golf. In 6 Fällen befand sich das Kabel in einer Tiefe von 900, in einem Fall sogar von 988 m. Das bedeutet, daß das betreffende Tier bei einem Druck von 100 Atm. um sein Leben gekämpft hat, während im allgemeinen die großen Wale dann und wann einem Druck von 40—50 Atm. ausgesetzt sind. Braunfische und Delphine scheinen dagegen meistens nicht mehr als 25 m zu tauchen, obwohl Cadenat angibt, daß Tümmler an der afrikanischen Westküste (Dakar) bis zu 200 m tauchen können. Die Höchstleistung des ungeschützten Menschen liegt bei etwa 120 m.

Man ist öfters geneigt sich die Frage vorzulegen, ob die Körper dieser Tiere nicht vollkommen zusammengepreßt werden,

wenn sie einem Druck von 40—100 Atm. ausgesetzt sind. Die
Gefahr dafür ist aber nicht so groß, weil die Tiere hauptsächlich
aus einer unzusammendrückbaren Materie bestehen und nur die
luftgefüllten Lungen eine wesentliche Gefahr bedeuten. Weil das
Lungenvolumen bis auf etwa $^1/_{10}$ verkleinert werden kann
(Abb. 27), kann erst unter einer Tiefe von 100 m ein Druckunterschied zwischen dem Lungeninhalt und der Außenseite des

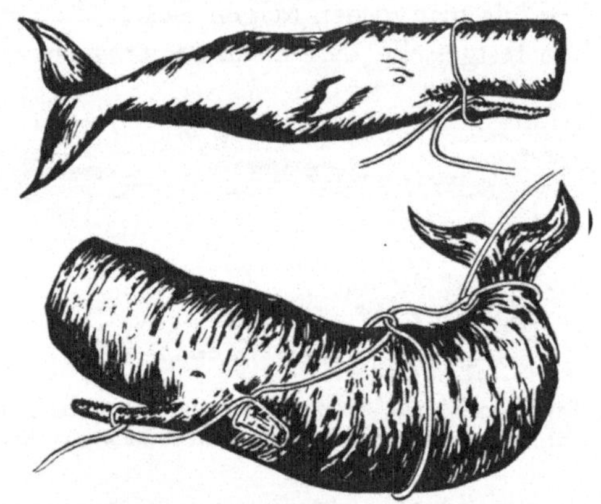

Abb. 26. Zeichnungen von in Fernsprechkabeln verfangenen Pottwalen, an-
gefertigt nach Beschreibungen der Kapitäne der Kabelschiffe. Die Ereignisse
haben in einer Tiefe von 250 und 290 m an den Küsten von Peru und Ecuador
stattgefunden. Nach HEEZEN, 1957

Tieres auftreten. Um so geringer der Lungeninhalt ist, desto
geringer sind die Schwierigkeiten, die durch diesen Druckunterschied auftreten. Deswegen ist es für die tief tauchenden Arten
von wesentlicher Bedeutung, daß sie nur eine geringe Menge Luft
in die Tiefe mitnehmen, d. h., daß ihr Lungenvolumen im Verhältnis zur Körpergröße gering ist.

Das ist auch tatsächlich der Fall. Es hat sich herausgestellt, daß
(im Verhältnis zur Körpergröße) Gewicht und Maximalkapazität
der Lungen bei Pottwalen, Entenwalen und Furchenwalen ungefähr die Hälfte vom Gewicht und von der Kapazität der Lungen
der Landsäugetiere betragen, während dagegen die Lungen von
den nicht tief tauchenden Braunfischen und Delphinen etwa $1^1/_2$
bis 2mal so groß sind, wie bei ihren auf dem Lande lebenden
Verwandten (Abb. 27).

Jetzt fragt man sich aber, wie ist das möglich? Wie ist es
möglich, daß Pottwale oder Entenwale, die 50—90 Minuten unter
Wasser bleiben können, daß Finn- und Blauwale, die bis 40 Minuten tauchen können (wenn auch die normale Tauchzeit nur 5

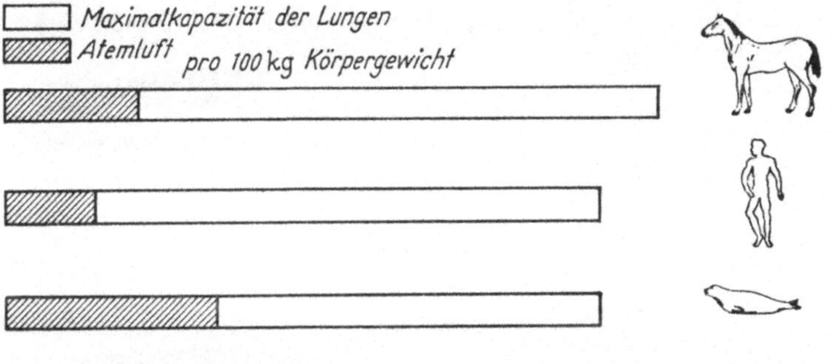

Abb. 27. Schema der Menge Luft, die die Lungen maximal enthalten können,
bzw. der Menge Luft, die bei jeder Atmung ein- und ausgeatmet wird (Atemluft), berechnet pro 100 kg Körpergewicht beim Pferde, beim Menschen, beim
Seehund, bei der Seekuh, beim Braunfisch, beim Tümmler, beim Entenwal und
beim Finnwal. Nach Angaben von IRVING und SCHOLANDER

bis 15 Minuten beträgt), mit einer so geringen Sauerstoffreserve
in den Lungen auskommen können, während dagegen Braunfische und Delphine, deren Tauchdauer maximal etwa 5 Minuten beträgt, über eine relativ so viel größere Menge Sauerstoff
in den Lungen verfügen. Bevor wir versuchen diese Frage zu

beantworten, muß zuerst noch einmal betont werden, daß sowohl hinsichtlich der maximalen Atempause als hinsichtlich der Atemfrequenz die Leistung aller Wale und Delphine jener der Landsäugetiere weitaus überlegen ist. Menschen können im allgemeinen nicht länger als 1 Minute tauchen, nur trainierte Perltaucher bringen es bis zu $2^1/_2$ Minuten, während Hunde und Katzen eine

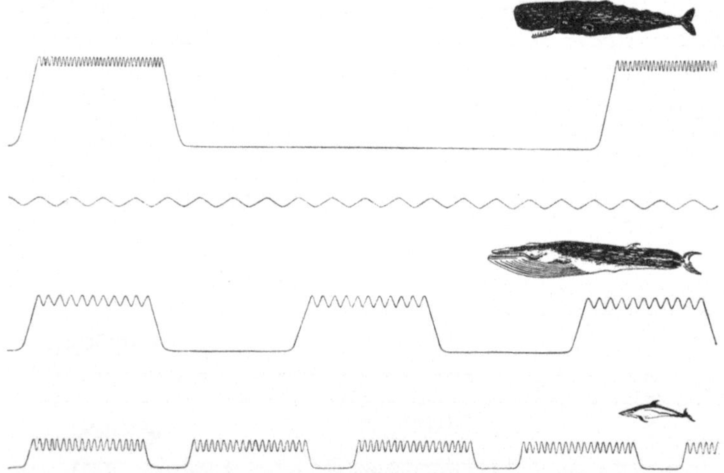

Abb. 28. Schematische Zeichnung der Atemfrequenz beim Pottwal (mit langer Tauchperiode und ruhig an der Oberfläche schwimmend), beim Finnwal (taucht 10—15 Minuten) und beim Delphin (taucht dann und wann während kurzer Zeit). Jeder Gipfel in der Kurve stellt ein Auftauchen und Blasen dar

Atempause von 3 Minuten nicht überleben. Die Atemfrequenz hängt aufs engste mit der absoluten Größe der Tiere zusammen. So beträgt die Zahl der Atemzüge pro Minute bei Ratten etwa 100, bei Kaninchen 60, bei Menschen 16 und bei Elefanten 6. Wenn die Tauchperiode mitberechnet wird, beträgt die Atemfrequenz bei Furchenwalen und Pottwalen etwa 1 pro 2 Minuten (Abb. 28), was als normal für Tiere dieser Größe betrachtet werden kann. Eine Totalfrequenz von 1—3 pro Minute für die kleinen Delphine ist jedoch sehr gering, weil ihr Gewicht in großen Zügen mit dem des Menschen übereinstimmt.

Fragen wir uns jetzt, warum die großen Wale mit ihren kleinen Lungen genau dieselbe Atemfrequenz wie die Landsäugetiere

besitzen und warum die Delphine eine so geringe Atemfrequenz
zeigen, dann liegt es auf der Hand anzunehmen, daß es im Tierkörper noch andere Stellen gibt als die Lungen, wo beim Tauchen
eine Sauerstoffreserve gegeben ist und daß diese Stellen bei den
Walen viel ausgiebiger benutzt werden als bei den Landsäugern.
Solche Stellen gibt es tatsächlich und zwar in den Muskeln, wo
eine große Menge Sauerstoff an den roten Muskelfarbstoff, das
Myohämoglobin, chemisch gebunden werden kann. Das Myohämoglobin besitzt etwa dieselben sauerstoffbindenden Eigen-
schaften wie der rote Blutfarbstoff, das Hämoglobin. Es hat sich
nun herausgestellt, daß bei tauchenden Landsäugetieren, wie zum
Beispiel beim Menschen, sich 34% der Sauerstoffreserve in den
Lungen, 41% im Blut, 13% in den Muskeln und 12% in den
übrigen Geweben befinden. Für die Wale sind diese Zahlen jedoch 9% in den Lungen, 41% im Blut (das Transportmedium),
41% in den Muskeln und 8% in den übrigen Organen. Die dunkle
Farbe des Walfleisches weist darauf hin, daß der Myohämoglobin-
gehalt der Walmuskeln auch tatsächlich größer ist als bei den
Landsäugern.

Trotzdem kann diese große Sauerstoffreserve in den Muskeln
die Tauchleistungen der Wale noch nicht völlig erklären. Man
ist gezwungen anzunehmen, daß der Stoffwechsel, namentlich in
den Muskeln, während des Tauchens in anderer Weise stattfindet
als während der Zeit, in der die Tiere an der Oberfläche verbleiben.
Es ist sehr wahrscheinlich, daß während des Tauchens in den
Muskeln wenigstens teilweise ein anoxydativer Stoffwechsel stattfindet, d. h. eine Verbrennung ohne freien Sauerstoff. Die voll-
ständige Oxydation würde dann stattfinden, wenn die Tiere sich
an der Oberfläche befinden.

Die geringe Lungenkapazität der tief tauchenden Wale erklärt
auch, warum bei diesen Tieren keine Taucherkrankheit (Caisson-
krankheit) auftritt. Die Luftmenge in den Lungen ist hier nämlich
im Verhältnis zu der Größe der Tiere so gering, daß sich nur sehr
wenig Luft im Blut auflöst und sich beim Auftauchen keine Stick-
stoffblasen bilden. Beim Menschen ist die zur Verfügung stehende
Luftmenge sehr groß, weil ständig neue Luft zugeführt wird.

Weil die Atemfrequenz der Cetaceen so gering ist, muß bei
jeder Atmung nahezu der ganze Lungeninhalt erneuert werden.

Abb. 27 zeigt, daß dies beim Menschen und bei den übrigen Landsäugetieren nicht der Fall ist. Das Volumen der Luft einer einzigen
Ein- und Ausatmung beträgt dort etwa 10—15% der Maximalkapazität der Lungen, während bei den Cetaceen etwa 85—90%
dieser Maximalkapazität aus- und eingeatmet wird. Die Tiere
müssen also viel tiefer atmen, weil sie langsamer atmen.

Weil, wie wir schon gesehen haben, die Luftwege verhältnismäßig eng sind, treten bei der Atmung — und namentlich bei
Delphinen mit ihren großen Lungen — bedeutende Druckschwankungen im ganzen Atmungsapparat auf, die sehr bestimmte Anforderungen an die Struktur der Gewebe dieser Organe stellen.
Bei allen Cetaceen, aber besonders bei den tief tauchenden Arten,
kann man solche Druckschwankungen auch während des Tauchens und Auftauchens erwarten. Es darf dann auch kein Erstaunen erregen, daß man in den Lungen, in der Luftröhre, im
Rachen und in der Nase allerhand strukturelle Anpassungen an
diese Druckschwankungen findet.

Bei allen Landsäugetieren sind die Luftröhre und die großen
Bronchien mit Knorpelringen bekleidet, damit sie beim Einsaugen
der Luft offen bleiben, genau wie man das auch bei einem Staub-
saugerschlauch sieht. Bei den Cetaceen ist die Knorpelbekleidung
nicht nur an der Luftröhre und den großen Bronchien, sondern
bis in die kleinsten Verzweigungen des Bronchialbaums vorhanden (Abb. 29). Dies gestattet eine schnelle Durchströmung und
macht den größten Teil der Luftwege unzusammendrückbar.
Elastische Fasern findet man nicht nur in der Wand der Bronchien
und im übrigen Lungengewebe, sondern namentlich auch in der
Außenbekleidung der Lungen — in der Pleura —, die deswegen
den Lungen der großen Wale ein gelbes und runzeliges Aussehen
gibt. Diese große Elastizität gewährleistet eine schnelle und ge-
schmeidige Anpassung an Druckschwankungen.

Als eine solche Anpassung kann auch ein merkwürdiges Klappensystem aufgefaßt werden, das bei Delphinen in den kleinen
Bronchien gefunden wird. Es handelt sich um ein System von
25—40 hintereinanderliegenden, in das Lumen der Bronchien
hineinragenden Schleimhautfalten, in denen sich kreisförmig an-
geordnete Muskelfasern befinden, die bei ihrer Kontraktion das
Lumen vollkommen verschließen können (Abb. 29). Wenn die

Muskeln erschlafft sind, wird das Lumen von radiär nach der
Knorpelbekleidung verlaufenden elastischen Fasern offen gehalten.
Das ganze Absperrventil verhindert, daß beim Tauchen die Luft aus
den weichen Lungenalveolen in das starre Bronchiensystem gepreßt wird. Jeder Techniker, der mit großen Druckunterschieden

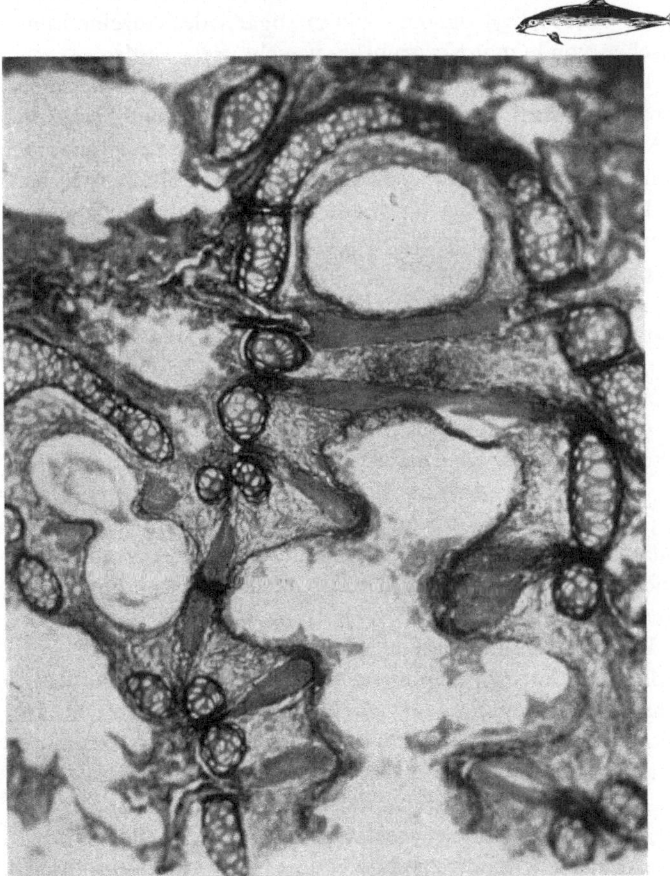

Abb. 29. Mikroskopisches Bild eines Längsschnitts durch eine sehr kleine
Bronchie (Bronchiolus respiratorius) in der Lunge eines Tümmlers. Man sieht
die mit Kreismuskeln ausgestatteten Wülste, die die hintereinander geschal-
teten Klappen bilden. Man beachte ebenfalls die Knorpelbekleidung dieser
Bronchie. Aufn. W. L. van Utrecht (Amsterdam)

arbeitet, kann bestätigen, daß man in solchen Fällen niemals einen einzigen Hahn verwendet, sondern eine Reihe hintereinandergeschalteter Klappen, damit die Druckdifferenzen geschmeidig ausgeglichen werden können. Bei den tief tauchenden Walen, wie Bartenwalen, Pottwalen und Entenwalen, findet man dieses Klappensystem in den kleinen Bronchien nicht. Bei diesen Tieren kann nicht nur jeder Alveolengang, sondern sogar jedes einzelne Lungenbläschen von einem Kreismuskel verschlossen werden.

Die Tatsache, daß bei den kleinen Braunfischen und Delphinen mit ihrem verhältnismäßig großen Lungeninhalt, mehr spezialisierte Anpassungen an Druckschwankungen im Atmungsapparat vorkommen als bei den tief tauchenden Walen mit ihrer verhältnismäßig kleinen Lungenkapazität, spiegelt sich auch im Bau von Kehlkopf und Spritzloch wider. Schon BARTHOLINUS hat in seinem 1654 herausgegebenen Buch „Historiarum anatomicarum rariorum" vom Kehlkopf des Braunfisches geschrieben: „Larynx singularis figurae, anserinum caput refert". Er hat damit als erster auf die bei allen Zahnwalen vorkommende charakteristische, gänseschnabelartige Verlängerung von zwei Knorpeln des Kehlkopfes (Epiglottis und Aryknorpel) hingewiesen. Tatsächlich entsteht dadurch eine schlauchförmige Verlängerung des Kehlkopfes, die in den unteren Teil des Nasenganges hineinragt (Abb. 30). Dieser Gänseschnabel wird ringsum von der Kreismuskulatur des Rachens umgeben, kann von dieser Muskulatur verschlossen werden und hat also ebenfalls die Wirkung eines Ventils.

Die Wirkung dieses Ventils wird aber noch durch die Wirkung eigentümlicher Ausstülpungen des Spritzlochs unterstützt. Jeder, der einmal bei einem toten Wal versucht hat, den Arm in das Spritzloch zu bringen, weiß, daß man einen großen Kraftaufwand braucht, um den Widerstand der geschlossenen Lippen zu überwinden. Das Spritzloch ist denn auch immer durch stark entwickeltes, elastisches Gewebe passiv geschlossen und es wird geöffnet durch die Kontraktion eines radiär angeordneten Muskels, dessen Fasern von den Lippen des Spritzlochs nach den Schädelknochen laufen. Unterhalb der Öffnung des Spritzlochs befindet sich bei den Zahnwalen ein System von manchmal stark verästelten Ausstülpungen des Nasenganges, das zusammen mit dem Kehlkopfschnabel ein System von hintereinandergeschalteten Klappen und dazugehörenden Lufträumen bildet. Es gestattet z. B. den Tieren unter Wasser eine genau dosierte Menge Luft aus dem Spritzloch entweichen zu lassen, wie man es unter anderem bei der Lauterzeugung unter Wasser beobachten kann (s. Kap. 7).

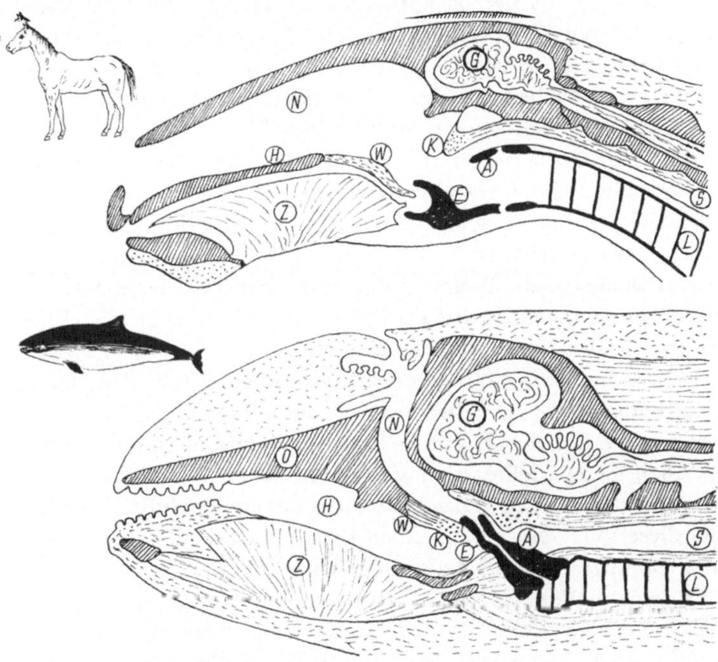

Abb. 30. Schematische Längsschnitte durch die Köpfe eines Pferdes und eines Braunfisches, um die Lage des Nasenganges und den Bau von Rachen und Kehlkopf zu zeigen. *N* Nasengang, *H* harter Gaumen, *W* weicher Gaumen, *K* Kreismuskel, der den Schnabel des Kehlkopfes umfaßt, *Z* Zunge, *E* Kehldeckel, *A* Aryknorpel, *L* Luftröhre, *S* Speiseröhre, *G* Gehirn. Teilweise nach RAWITZ, 1900

Bei den Bartenwalen findet man weder den schnabelförmig in den Rachen hineinragenden Kehlkopf, noch die Aussackungen beim Spritzloch. Zwar gibt es bei diesen Tieren an der Unterseite des Kehlkopfes eine große, sackförmige Ausstülpung, aber die funktionelle Bedeutung dieses merkwürdigen Organs ist noch völlig unbekannt.

5. Blutkreislauf

Als im Jahre 1955 General EISENHOWER, der Präsident der Vereinigten Staaten von Amerika, von einem Herzinfarkt betroffen wurde, rief man sofort Dr. PAUL DUDLEY WHITE aus Boston herbei, weil dieser als der hervorragendste Herzspezialist der Vereinigten Staaten galt. WHITE verfügte aber nicht nur über eine große Erfahrung in bezug auf das Herz prominenter Personen unserer menschlichen Gesellschaft, sondern er hatte auch schon versucht, den mächtigen Vertretern des Tierreichs ihre Herzgeheimnisse abzulauschen. Er hatte mit seinen Elektrokardiographen schon das Herz eines Elefanten untersucht und er bemühte sich schon seit vielen Jahren, auch ein Kardiogramm eines großen Wals zu erhalten.

Beim Beluga, dem Weißwal der arktischen Gewässer, war es ihm schon gelungen. In Bristol Bay (Alaska) konnte er mit Hilfe von zwei Elektrodenharpunen, die in einen 4 m langen Weißwal geschossen wurden, während etwa einer halben Stunde den Herzschlag registrieren. Im Jahre 1957 wiederholte er seine Versuche beim Grauwal in den Lagunen Kaliforniens. Weil es sich als zu gefährlich herausstellte, sich dem getroffenen Tier mit einem Motorboot zu nähern, versuchte man es mit einem Hubschrauber. Aber diese Versuche hatten keinen Erfolg, weil die Tiere von den Luftströmungen zu sehr beunruhigt wurden.

Bei seinem Weißwal fand WHITE eine Herzfrequenz — einen „Puls" also — von 16—17 pro Minute, eine erstaunlich niedrige Zahl für ein Tier von 1136 kg, wenn man bedenkt, daß Elefanten einen Puls von etwa 30 haben und daß die Herzfrequenz sich mehr oder weniger umgekehrt proportional zur absoluten Größe der Tiere verhält. Ein Pferd hat einen „Puls" von 40, ein Mensch von 70, eine Katze von 150 und eine Maus von 650 Schlägen pro Minute. Man weiß jedoch, daß, wenn Menschen und andere Landsäugetiere tauchen, diese Frequenz nur etwa die Hälfte von derjenigen oberhalb des Wassers beträgt. In dieser Hinsicht ist ein Puls von 17 beim Weißwal nichts besonderes und dasselbe kann auch gesagt werden vom Herzschlag der Tümmler im Aquarium Marineland (Florida) bei denen IRVING einen Puls von 50 unter Wasser und 110 oberhalb des Wasserspiegels registrierte. Am

5. Dezember 1959 strandete bei Cape Cod ein lebender, etwa 15 m langer Finnwal, der noch 24 Stunden lebte. KANWISHER vom Woods Hole Meereslaboratorium fand bei diesem Tier einen Puls von 25 (Abb. 31). Weil aber das Tier dreimal so schnell atmete als normal, wäre vielleicht mit einer normalen Herzfrequenz von 8 oberhalb des Wassers und 4 im Wasser zu rechnen. Das ist auch genau die Frequenz, die PÜTTER schon 1924 für solch einen großen

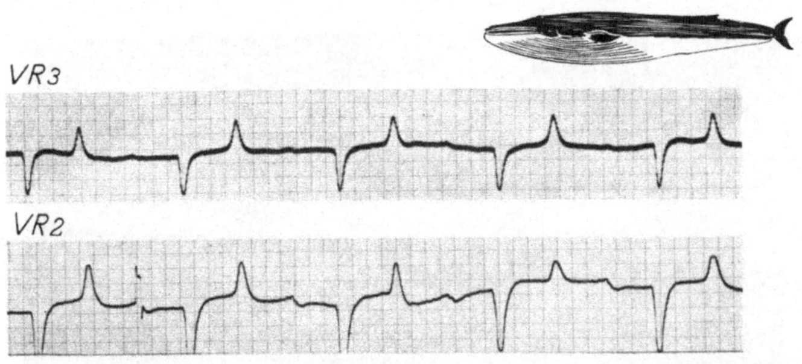

Abb. 31. Kardiogramm des im Dezember 1959 bei Cape Cod gestrandeten, 15 m langen Finnwals. Aufn. J. KANWISHER (Woods Hole)

Wal errechnete. All diese Angaben zeigen uns, daß die Herzfrequenz der Cetaceen keine besondere Anpassung an die Lebensweise im Wasser zeigt.

Genau dasselbe ergibt sich aus dem Studium des Herzgewichtes, der allgemeinen Form und der inneren Architektur des Herzens (Abb. 32) sowie aus der Verteilung des elastischen Gewebes im Schlagadersystem. Weder das Herz noch die großen Gefäße zeigen auch nur den geringsten Hinweis auf eine besondere Leistung dieser Organe in Hinsicht auf die aquatile oder die tauchende Lebensweise der Tiere, während auch die Gesamtmenge des Blutes in Beziehung zur Körpergröße in keiner Weise von den Verhältnissen bei den Landsäugern abweicht.

Trotzdem finden wir an bestimmten Stellen des Kreislaufsystems merkwürdige Bildungen, die unleugbar mit dem Wasserleben zusammenhängen. Als solche sind in erster Linie die Wundernetze (retia mirabilia) zu erwähnen. Wenn man einen Braunfisch, einen Tümmler oder einen Delphin seziert, sieht man an der Rückenseite des Brustkorbs, der Wirbelsäule entlang, eine dicke schwammige Masse, die den Eindruck macht, sehr viel Blut zu enthalten.

Wir sehen, daß diese Masse sich auch im Halse und — wenigstens
über eine gewisse Strecke — zwischen den Rippen fortsetzt. Anatomen aus dem 17. und 18. Jahrhundert, wie TYSON (1680) und
MONRO (1787), haben diese Wundernetze schon erwähnt. Die erste
eingehende Beschreibung stammt jedoch von BRESCHET, dem

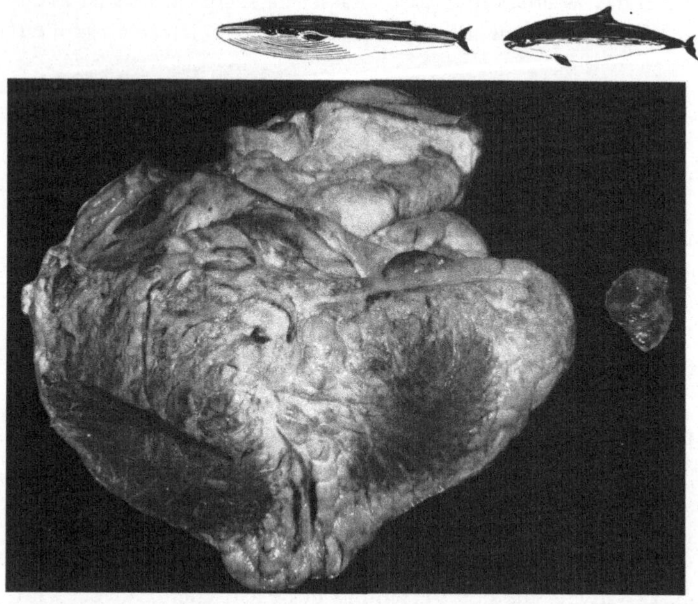

Abb. 32. Herz eines 15,5 m langen, noch nicht erwachsenen Finnwals mit dem
Herzen eines Braunfisches, das etwa so groß ist wie das Herz des Menschen.
Man beachte die Form des Herzens (sehr breit), die von den Raumverhält-
nissen im Brustkorb bestimmt wird. Aufn. W. L. VAN UTRECHT (Amsterdam)

schon im Jahre 1836 die feinere Anatomie dieses Organs vollkommen klar gewesen ist (Abb. 33). Die Wundernetze bestehen aus
stark verästelten, sich unentwirrbar umeinander schlängelnden und
miteinander anastomosierenden kleinen Schlagadern. Mittels Ka-
pillaren gehen diese kleinen Schlagadern in ein ebenso unentwirr-
bares Netz von abführenden kleinen Adern über und diese ganze
Masse liegt in einer Grundsubstanz von Bindegewebe mit Lymph-
gefäßen und sehr viel Fettzellen eingebettet (Abb. 34). Die zu-
führenden Schlagadern dieses Wundernetzes haben elastische

Wände, die Wände der Schlagadern des Netzes selber bestehen aber praktisch nur aus muskulösem Gewebe (Abb. 34). Dies und der stark geschlängelte Verlauf der Gefäße suggeriert, daß es sich

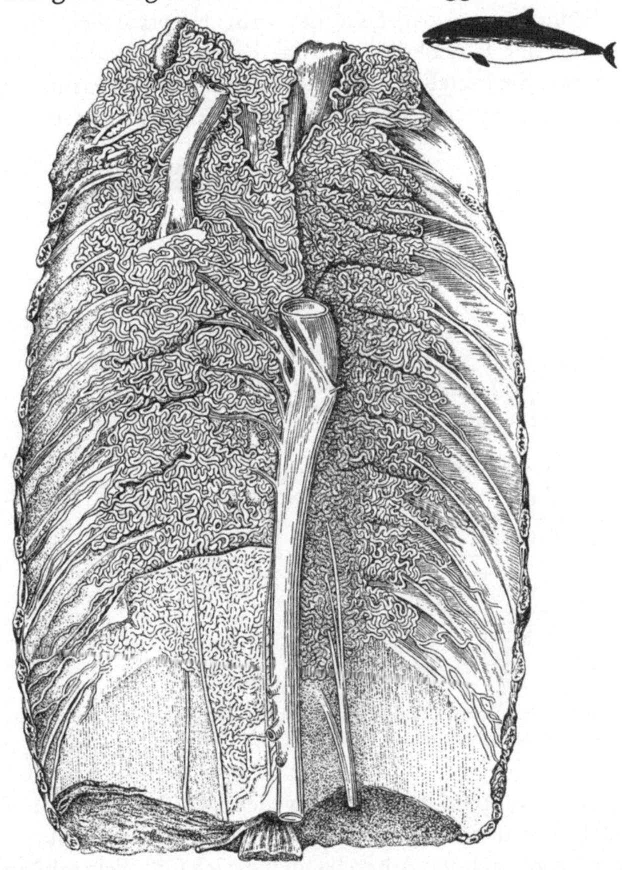

Abb. 33. Innenseite des Brustkorbs (Rückenseite) eines Braunfisches mit dem Wundernetz. Man sieht außerdem die Aorta und (links) den Mündungsabschnitt der Wirbelkanalvenen. Nach einem Kupferstich von BRESCHET, 1836

hier um einen Teil des Blutgefäßsystems handelt, der sehr große Volumänderungen zeigen kann und deswegen imstande ist, große Blutdruckschwankungen auszugleichen. Die Adern, die Lymphgefäße und namentlich die Fettzellen, können dabei die Rolle von

45

Stoßdämpfern erfüllen. Derartige Wundernetze findet man bei den
Walen auch an anderen Stellen des Körpers, namentlich im Wirbelkanal, an der Gehirnbasis und an der Außenseite der Schädelbasis.

Die Wundernetze dagegen, die man hauptsächlich an der
Rückenseite der Bauchhöhle antrifft, haben einen etwas abwei-
chenden Bau. Sie bestehen nur aus miteinander zusammenhängenden Adern. Sie empfangen das Blut hauptsächlich aus der seitlichen

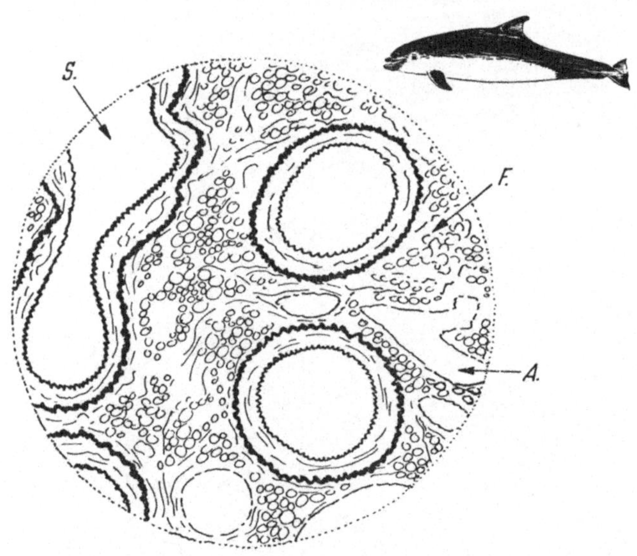

Abb. 34. Mikroskopischer Querschnitt durch das Wundernetz an der Brust-
wand eines Tümmlers. *S* Schlagader; *A* Ader; *F* Fettzellen

Schwanzader, während das Blut entweder nach der unteren Hohlader, oder nach den Längsadern des Wirbelkanals abfließt.

Bei den letztgenannten Adern handelt es sich um zwei verhältnismäßig geräumige Gefäße, die an der unteren Seite des Rücken-
marks liegen und den ganzen Wirbelkanal von der Hirnhöhle bis
zum Schwanzende durchziehen. Sie bilden den Abfluß für das Blut
aus dem Gehirn und stehen mittels zahlreichen Seitenadern sowohl
mit der vorderen wie mit der hinteren Hohlader in Verbindung.
Sowohl die Tatsache, daß die Gefäße ihrer ganzen Länge nach
überall denselben Durchmesser haben, wie das Fehlen von Klappen,

46

legen die Annahme nahe, daß das Blut diese Längsadern in beiden Richtungen durchströmen kann.

Neben den arteriellen und venösen Wundernetzen und den Längsadern im Wirbelkanal finden wir als vierte Anpassung an das Wasserleben bei den Cetaceen (aber nur bei Zahnwalen), eine sinusartige Erweiterung der Leberadern und desjenigen Abschnitts der unteren Hohlader in den diese Leberadern münden. Außerdem kann diese Hohlader bei ihrem Durchtritt durch das Mittelfell von einem Kreismuskel verschlossen werden. Manche von den hier beschriebenen Bildungen findet man auch bei anderen Wassersäugetieren, wenn auch meistens viel weniger ausgeprägt als bei den Cetaceen.

Was uns aber am meisten auffällt ist die Tatsache, daß innerhalb der Gruppe der Cetaceen diese Anpassungen am besten entwickelt sind beim Braunfisch, etwas weniger entwickelt bei Tümmlern und Delphinen und am wenigsten bei den großen und tief tauchenden Walen. Anpassungen an einen Aufenthalt in großer Tiefe sind es also bestimmt nicht, und wir sind denn auch viel eher geneigt anzunehmen, daß es sich hier, genau wie bei vielen Eigentümlichkeiten der Atmungsorgane, um Anpassungen an Druckschwankungen handelt. Daß bei einem tauchenden oder auftauchenden Wal starke Druckschwankungen im Blutgefäßsystem auftreten können, ist ohne weiteres klar, zumal wenn man bedenkt, daß zwischen der Schnauzenspitze und der Schwanzflosse eines senkrecht tauchenden, 30 m langen Blauwals, ein Druckunterschied — und deswegen auch ein Blutdruckunterschied — von 3 Atmosphären besteht.

Große Druckschwankungen im Blutgefäßsystem können jedoch auch bei der kräftigen Atmung auftreten. Wir können derartige Blutdruckschwankungen schon feststellen, wenn wir selber versuchen auszuatmen und dabei Mund und Nase geschlossen halten. Dieser sogenannte Valsalva-Effekt tritt bei jeder Ausatmung der Wale auf, während auch die Druckunterschiede bei der Einatmung auf das Blutgefäßsystem zurückwirken. Man kann sich die Wirkung der obengenannten Vorrichtungen sehr gut denken, wenn man sich z. B. vorstellt, daß der Druck in der Brusthöhle für einen bestimmten Augenblick größer ist als in der Bauchhöhle. Das Blut wird dann vorübergehend in den venösen Wundernetzen und in den erweiterten Lebervenen aufgehoben, während der Kreismuskel des Mittelfells das Zurücklaufen des Blutes aus dem Herzen verhindert. Das Blut aus dem Gehirn kann nach der Bauchhöhle abfließen. Wenn jedoch der Blutdruck in der Brusthöhle niedriger ist als andernorts im Körper, wird hier viel Blut angesaugt, das vom Herzen gegen einen beträchtlichen Widerstand durch den übrigen Körper gepumpt werden muß. Durch Erweiterung der Wundernetze in der Brusthöhle kann dieser Widerstand wenigstens teilweise aufgehoben werden.

Es ist sehr gut möglich, daß all diese Blutdruckschwankungen bei Braunfischen und Delphinen mit ihren verhältnismäßig großen Lungen, ihrer frequenten Atmung und ihrem frequenten Tauchen eine bedeutendere Rolle spielen als bei den großen, tief tauchenden Walen.

Wir wollen unsere Besprechung des Kreislaufs nicht beenden, ohne auch dem Blute selber einige Zeilen zu widmen. Man hat öfters das Blut der Wale untersucht in der Hoffnung, dadurch eine bessere Einsicht in die tauchende Lebensweise zu gewinnen. All diese Untersuchungen haben bis jetzt aber nur ergeben, daß das Sauerstoffbindungsvermögen des Hämoglobins genau dasselbe ist wie bei Landsäugetieren. Wäre das Sauerstoffbindungsvermögen des roten Blutfarbstoffes bedeutend größer, so würde das die Abgabe des Sauerstoffs in die Gewebe verhindern und damit die Nachfüllung der Sauerstoffreserve bei der Atmung verzögern.

Für Tiere, die nur eine kurze Zeit an der Oberfläche des Wassers verbleiben, ist es gerade von großer Bedeutung, diesen Prozeß so schnell wie möglich verlaufen zu lassen. Das einzige wesentliche Merkmal, in dem sich das Blut der Cetaceen von dem der Landsäugetiere unterscheidet, ist denn auch die Tatsache, daß das Gesamtvolumen und namentlich die Gesamtoberfläche der roten Blutkörperchen, etwa $1\,^1/_2$ bis 2mal so groß sind wie bei den Landsäugern. Dies ermöglicht sowohl eine schnelle Aufnahme als eine schnelle Abgabe des Sauerstoffs, einen schnellen Transport also.

6. Verhalten

Schon im vorigen Jahrhundert hat man dann und wann versucht, Delphine in Gefangenschaft zu halten. Ein klassischer Fall ist der äußerst zahme Tümmler mit dem JOLYET schon 1873 an der Biologischen Station in Arcachon Versuche über die Atmung gemacht hat. Das Westminster-Aquarium in London beherbergte 1877 und 1878 zweimal einen aus Amerika zugeführten Weißwal, in Brighton und Kopenhagen hat man Braunfische zur Schau gestellt und das Aquarium in New York hat 1907 sogar eine Herde von 12 Tümmlern besessen. Alle diese Tiere haben jedoch nur wenige Monate in Gefangenschaft gelebt.

Die erste Anstalt, wo man regelmäßig Tümmler und andere Delphine (wie z.B. den Grindwal, den Fleckendelphin und sogar einmal einen Zwergpottwal) nicht nur in Gefangenschaft gehalten, sondern sogar gezüchtet hat, war das Aquarium Marineland in Florida, das gerade vor dem zweiten Weltkrieg gebaut wurde. Hier gibt es zwei große Becken, eines 30 × 13 m und ein rundes von 25 m Durchmesser, 4 bzw. 6 m tief. Durch große Glasscheiben kann man die Tiere hier von Seitengängen aus auch unter Wasser beobachten.

Die Tiere werden in der Regel mit Netzen gefangen. Man benutzt Schaumgummimatratzen um Beschädigungen während des Transportes zu verhindern. Außerdem muß man die Tiere außerhalb des Wassers andauernd mit kaltem Wasser begießen, um Wärmestauung und Abblättern der Haut zu vermeiden. Tümmler lassen sich ohne Schwierigkeit aus dem Wasser heben, aber bei Braunfischen können gerade in diesem Augenblick Schockerscheinungen mit todlichem Verlauf auftreten. Das hat z.B. DUDOK VAN HEEL erfahren, als er 1958 versuchte, 20 bei Mittelfart in Dänemark gefangene Braunfische nach der Meeresversuchsanstalt in den Helder zu transportieren. Nur wenige Tiere überlebten die Fahrt mit dem Lastwagen und nur ein einziges Tier hat so lange gelebt, daß es zu wissenschaftlichen Versuchen über die Gehörschärfe verwendet werden konnte.

Die Tümmler- und Delphinenschau im Aquarium Marineland in Florida hat einen Riesenerfolg gehabt. Von allen Seiten strömte das Publikum herbei, um diese Tiere zu sehen, und deswegen hat man auch bald an anderen Stellen ähnliche Aquarien gebaut. So gibt es jetzt derartige Anstalten auf den Bahamas, in Silver Springs, in Kalifornien (Abb. 35), in Australien (bei Sydney und bei Brisbane) und in Japan (bei Enoshima). In Italien befindet sich ein

kleines Aquarium bei Cesenatico mit zwei Tümmlern, aber die drei
Delphine, die 1958 in Monaco zu sehen waren, sind nicht mehr da,
weil ihr Unterhalt zu teuer wurde. Man hat mit diesen Tieren einige
Versuche über den Gehörsinn gemacht. Alle anderen wissenschaftlichen Arbeiten über Cetaceen in Gefangenschaft stammen praktisch nur aus den Aquarien Marineland in Florida und Kalifornien.

Abb. 35. Füttern eines alten weiblichen Tümmlers im Aquarium Marineland
(Cal.)

Sowohl die Möglichkeit zum Experimentieren wie der große
Erfolg beim Publikum beruhen vor allem darauf, daß die Tiere
in kurzer Zeit sehr zahm sind (Abb. 36). DUDOK VAN HEEL konnte
seine Braunfische schon nach wenigen Tagen mit der Hand füttern,
während die Tümmler und Delphine der großen Aquarien sich
mit sichtlichem Wohlbehagen vom Menschen streicheln lassen.
Auch in Freiheit lebende Tiere können in derartiger Weise mit
dem Menschen Freundschaft schließen. In Opononi Beach bei
Auckland (Neuseeland) ist unlängst ein Tümmler gestorben, der
jahrelang der Spielkamerad der Strandgäste gewesen ist. Er ließ

50

Kinder auf seinem Rücken reiten und beteiligte sich an Ballspielen.
Diese geringe Scheu sieht man bei nahezu allen Cetaceen. Sogar
die großen Bartenwale und Pottwale lassen einen bis auf Ent-
fernungen von 25 m herankommen und umschwimmen auch

Abb. 36. Tümmler im Aquarium Marineland (Flor.) werden unter Wasser
gefüttert. Aufn. F. S. Essapian (Miami)

manchmal selber die Schiffe mit großer Neugier. Das Verhalten
beruht wahrscheinlich auf der Tatsache, daß diese Tiere so wenig
Feinde besitzen und allesamt nicht durch einen einzigen natürlichen Feind von oberhalb der Wasseroberfläche bedroht werden.
Der größte Vorzug dieser Tiere beruht aber unleugbar darauf,
daß man sie sehr leicht auf allerhand Zirkustricks dressieren kann.

Man kann sie lehren eine Glocke zu läuten (Abb. 37), eine Trompete zu blasen, Gegenstände zu apportieren, mit einem Ball zu spielen (Abb. 38), durch einen (sogar mit Papier bespannten) Reifen zu springen (Abb. 39) und, eingespannt in ein Geschirr, ein Boot mit einer jungen Dame und einem Hund darin, zu ziehen. Daß dies alles möglich ist, beruht wahrscheinlich in erster Linie auf ihrer großen natürlichen Verspieltheit. Reine Bewegungsspiele kann man bei allen Cetaceen in freier Wildbahn häufig beobachten. Delphine und Braunfische springen regelmäßig über Wasser und unter den großen Walen sieht man es namentlich beim Buckelwal und beim Pottwal (S. 25).

In den Aquarien spielen Tümmler und Delphine nicht nur mit Artgenossen, sondern auch mit anderen in den Becken lebenden Tieren, wie Schildkröten oder Vögeln (Abb. 40). Außerdem können sie stundenlang mit Holzstückchen, Federn, Gummibällen oder mit einem aufgepumpten Autoreifen spielen. In Freiheit hat Kapitän MÖRZER BRUINS auf den Riffen von Bahrein ein Tauchspiel von Delphinen mit Kormoranen beobachten können.

Abb. 37. Flippy, der von einem Trainer dressierte Tümmler im Aquarium Marineland (Flor.), läutet die Essensglocke. Nach DILLIN, 1952

Die leichte Dressierbarkeit der Tiere beruht weiter auf der Tatsache, daß es sich um Tagtiere handelt, deren Aktivität etwa in dieselbe Periode der vierundzwanzig Stunden fällt wie die des Menschen. Sie schlafen nur während etwa einer Stunde nach jeder

Abb. 38. Junge Tümmler spielen Basketball im Aquarium Marineland (Cal.)
Aufn. D. H. Brown (Marineland, Cal.)

Abb. 39. Flippy (siehe Abb. 37) springt durch einen mit Papier bespannten
Reifen. Dieser Sprung in einen unsichtbaren Raum ist ein gewiß nicht leicht
anzudressierendes Zirkuskunststück. Nach Hill, 1957

Fütterung und treiben dabei an der Wasseroberfläche oder in sehr geringer Tiefe. Nachts schlafen sie längere Zeit durchgehend. Grindwale scheinen Nachttiere zu sein, vielleicht weil sie sich von Tintenfischen nähren. Zu Beginn ihrer Gefangenschaft schliefen sie wenigstens den ganzen Tag über, aber später paßten sie sich

Abb. 40. Ein Tümmler im Aquarium Marineland (Flor.) spielt mit einer Schildkröte. Aufn. F. S. Essapian (Miami)

der menschlichen Lebensweise an. Glattwale und Buckelwale hat man ebenfalls schlafend an der Wasseroberfläche gesehen. Der tiefste Schläfer ist aber bestimmt der Pottwal, der sowohl nachts als auch tagsüber dann und wann von Schiffen angefahren wird.

Die Dressierbarkeit der Delphine wird außerdem gefördert durch die Tatsache, daß es sich um Raubtiere und zwar um Fischfresser handelt — Tiere also, die im allgemeinen ein größeres Repertoir an Verhaltensweisen besitzen als Pflanzenfresser und die außerdem viel empfänglicher für eine Belohnung in Form von Futter sind. Daneben sind es Herdentiere. Sie besitzen damit eine

54

engere Bindung an den Menschen als die solitär lebenden Arten, weil sie den Menschen gewissermaßen in ihren Herdenverband einbeziehen.

Bei den Cetaceen wurden schlechthin alle Formen sozialer Verbände gefunden, die man auch bei den Landsäugetieren antrifft. Trupps von 100 — 1000 Tieren beiderlei Geschlechts und jeden Alters findet man beim Finnwal, beim Entenwal, beim Grindwal und bei vielen Delphinen, wie z. B. beim Gemeinen Delphin und beim Tümmler. Andere Arten leben in kleineren Herden (10 bis 20 Tiere), die in derselben Weise zusammengesetzt sind. Wahrscheinlich besteht innerhalb dieser Herden eine unbegrenzte Promiskuität. Das Vorkommen von Leittieren wurde niemals beobachtet mit Ausnahme vom Grindwal und Entenwal, bei denen man vermutet, daß die Herden von einem alten Männchen geführt werden. Getrennte Herden von Männchen und Weibchen, wie das z. B. bei Wildschafen und manchen Hirscharten vorkommt, findet man unter den Cetaceen beim Weißwal, beim Schwertwal und vielleicht auch beim Braunfisch. Ein Leben im engen Familienverband (Männchen und Weibchen mit einem oder zwei Jungen) führt dagegen der Blauwal, manchmal auch der Seiwal und wahrscheinlich der Zwergpottwal. Der große Pottwal dagegen lebt, genau wie Seelöwen und Paviane, in einem Haremsverband. Trupps von Weibchen mit Kälbern und Jungtieren stehen unter der Führung eines einzigen erwachsenen Bullen. Um diese Stelle wird in der Paarungszeit heftig gekämpft. Die Harems bleiben in den warmen Gewässern, die übrigen Männchen ziehen im Sommer in Trupps verschiedener Größe bis in die Polarmeere. Einzelgänger, die auch aus diesem Verband ausgestoßen sind, können dem Menschen sehr gefährlich werden.

Aus Verhaltensstudien bei Tümmlern im Aquarium Marineland (Florida) hat sich ergeben, daß es bei diesen Tieren eine ganz bestimmte soziale Rangordnung gibt, die vornehmlich durch Schlagen mit dem Schwanz, Stoßen mit der Schnauze, Annehmen einer drohenden Haltung und Klappen mit den Kiefern ausgefochten wird. Meistens tragen diese Auseinandersetzungen einen harmlosen Charakter, manchmal wird jedoch im Ernst gekämpft, wobei die Tiere einander schwere Bißwunden beibringen können. Genau wie beim Huhn sind alle Männchen den Weibchen überlegen, gibt

es aber in einer Herde nur Weibchen und Jungtiere, dann beruh
die Rangordnung hauptsächlich auf Körpergröße und Alter.

Die gegenseitige Bindung in der Herde ist bei den Cetaceer
im allgemeinen sehr eng und wird wahrscheinlich hauptsächlicl
durch Laute aufrecht erhalten. Die meisten Cetaceen sind denr
auch, wie man annimmt, nahezu konstant lautgebende Tiere, wi
dies z. B. auch für viele Affen und Papageien gilt (s. Kap. 7)
Eine gegenseitige Zusammenarbeit bei der Jagd ist mit Sicherhei
vom Schwertwal bekannt. In großen Trupps pflegen diese Tiere

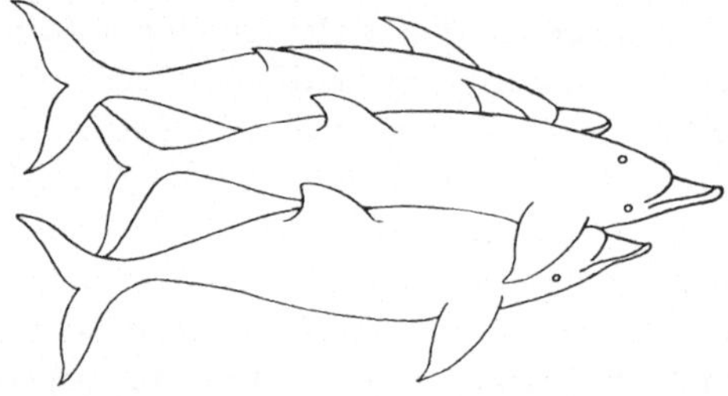

Abb. 41. Zwei Tümmler halten einen verwundeten Artgenossen mit de
Nasenöffnung über Wasser. Nach SIEBENALER und CALDWELL, 1956

Herden von Seehunden, Seelöwen oder sogar Walrossen einzu
kreisen und aufzusplittern, damit sie in erster Linie die sich ir
der Mitte befindenden Jungen angreifen können.

Bei manchen Walen wurde auch eine Hilfeleistung in Hinsich
auf kranke oder verletzte Artgenossen beobachtet. Während be
Landsäugern solche Tiere in der Regel im Stich gelassen oder so
gar getötet werden, hat man hier eine Fürsorge festgestellt wi
beim afrikanischen Elefanten. Von Tümmlern in Gefangenschaf
wurde schon dreimal beobachtet, daß zwei Tiere einen bewußtlo
im Aquarium schwebenden Artgenossen an die Wasseroberfläch
trugen, damit er Atem holen konnte (Abb. 41). Sie schoben dabe
ihren Kopf unter die Brustflossen des Verwundeten, konnten abe
in dieser Stellung selber nicht Atem holen und mußten deswege
den Patienten zeitweise loslassen. Eine Hilfeleistung gegenübe
verwundeten Artgenossen wurde auch bei frei im Meer lebende
Tümmlern beobachtet sowie bei Buckelwalen und Grauwalen
Pottwale kommen aus großer Entfernung herbeigeschwommen
wenn ein Mitglied der Herde verwundet ist. Beim Braunfisch un

bei einigen Delphinarten hat man dagegen gesehen, daß sie durch
die Laute verwundeter Artgenossen abgeschreckt werden.

Pottwale scheinen ihre verwundeten Jungen mit den Kiefern
über Wasser zu bringen, während man bei Tümmlern gesehen
hat, daß tote Junge oder selbst Teile von Jungtieren, die Haien
oder Barracudas zum Opfer gefallen waren, noch tagelang von
der Mutter periodisch über Wasser gehalten wurden. Wahrscheinlich wird das Verhalten des Nach-oben-Drückens bei diesen Tieren
durch jeden sich nicht bewegenden Gegenstand im Wasser aus-
gelöst. Man hat es bei den Tümmlern von Marineland öfters an
Dosen, Holzstücken, ja sogar kleinen Haien gesehen und man hat
Pottwale in der freien Natur beobachtet, die in dieser Weise mit
einem Balken „spielten". Es ist daher nicht unmöglich, daß die
Sage von Arion, der von Delphinen an Land getragen wurde,
und ähnliche Erzählungen von in Not geratenen Menschen, auf
diesem Verhalten beruhen. Es gibt z. B. einen sehr rezenten und
gut nachgeprüften Bericht von einer Frau, die beim Baden an der
Küste von Florida in Gefahr war zu ertrinken und von einem
Tümmler an Land gestoßen wurde.

7. Orientierung, gegenseitige Verständigung

Bei den meisten auf dem Lande lebenden Säugetieren ist der
Geruch das wichtigste Sinnesorgan zur Orientierung in der Umwelt. Riechen, d. h. das Wahrnehmen chemischer Reize mittels
der Nase, ist im Wasser sehr gut möglich, denn Fische besitzen
ein gut entwickeltes Geruchsorgan. Landtiere nehmen in Wasser
gelöste Teilchen jedoch mit den Geschmacksorganen wahr, während vom Geruchsorgan nur die in der Luft befindlichen Stoffe
wahrgenommen werden. Da die Cetaceen jedoch keine Sinnes-
eindrücke aus der Luft aufzunehmen brauchen und beim Übergang
zum Wasserleben das Geruchsorgan nicht wieder zur Wahrneh-
mung in Wasser gelöster Teilchen umgebildet werden konnte[1],
hat das Organ seine funktionelle Bedeutung verloren und wurde
vollkommen reduziert. Die Bartenwale besitzen noch einen kleinen

---

[1] Bei Evolutionsstudien offenbart sich dies als allgemeine Erfahrung: wenn
ein Organ einmal umgebildet ist, kehrt es nicht mehr in seiner ursprünglichen
Form zu seiner ursprünglichen Funktion zurück.

Überrest der Riechschleimhaut und des Riechnerven, bei den Zahnwalen fehlt aber sogar jede Spur eines Riechapparats im Gehirn.

Die Reduktion des Riechorgans wird auch, soweit zur Zeit bekannt ist, weder durch die Entwicklung irgendeines anderen Organs für chemische Perzeption, noch durch eine stärkere Ausbildung des Geschmacks kompensiert. Bei den Bartenwalen scheinen Geschmacksorgane völlig zu fehlen, bei den Zahnwalen sind sie schlecht ausgebildet. Das braucht uns übrigens nicht sehr zu verwundern, da alle Cetaceen Fleischfresser sind, die ihre Beute im ganzen verschlucken, und viel weniger Gefahr laufen, giftige Bestandteile mit ihrer Nahrung aufzunehmen, als das bei Pflanzenfressern der Fall ist.

Über den Tastsinn ist noch sehr wenig bekannt. Bestimmte Kennzeichen des Kleinhirns lassen jedoch auf einen gut entwickelten Tastsinn schließen. Auch hat man bei lebend gestrandeten Walen und Delphinen beobachtet, daß sie auf die geringste Berührung ihrer Haut reagieren. In Gefangenschaft lassen Tümmler und Delphine sich gerne über die Haut streichen und sie reiben sich auch selber gerne an rauhen Gegenständen im Becken (Abb. 42). Vielleicht haben die Tasthaare der Bartenwale und das Bindegewebskissen auf der Schnauze vieler Zahnwale eine besondere Empfindlichkeit für Wasserdruck oder -strömung. Ihre Bedeutung für die Orientierung wurde jedoch noch nicht weiter untersucht und wir müssen diese Organe also bei unseren Auseinandersetzungen über das Sinnesleben der Cetaceen vorläufig außer Betracht lassen.

Wenn wir bedenken, daß z. B. im Nordseewasser in einer Tiefe von 35 m schon 98 % des Lichtes erlöscht ist, wenn wir bedenken, daß das von Gegenständen unter Wasser reflektierte Licht nur bis zu einer Entfernung von 17 m durchdringt — ein großer Blauwal kann deswegen nicht einmal seine eigene Schwanzflosse sehen —, so ist es ohne weiteres verständlich, daß auch das Auge unter Wasser für die Fernorientierung von keiner Bedeutung sein kann. Für die Nahorientierung spielt der Gesichtssinn jedoch eine bestimmte Rolle und bei den Tümmlern von Marineland hat man eindeutig festgestellt, daß sie das Auge beim Verfolgen und Ergreifen ihrer Beute gebrauchen. Dies scheint der Fall zu sein bei allen Delphinen und Braunfischen, die sich von stark beweglicher

Beute (Fischen) nähren. Bei den tintenfischfressenden Grindwalen und Pottwalen sowie bei den planktonfressenden Bartenwalen sind die Augen jedoch nur von geringer Bedeutung und deswegen auch viel kleiner. Der Gangesdelphin, der seine Beute in dem schlammigen Flußboden sucht, ist sogar vollkommen blind; dem sehr stark reduzierten Auge fehlt die Linse.

Abb. 42. Ein Tümmler im Aquarium Marineland (Flor.) scheuert sich an einem Straßenbesen. Aufn. F. S. Essapian (Miami)

Beim Sehen unter Wasser werden die Wale in Hinsicht auf Bau und Funktion ihres Auges einer Reihe besonderer Anforderungen gegenübergestellt. Die Lichtbrechung verhält sich im Wasser anders als in der Luft. Wenn wir uns unter Wasser begeben, fällt das Bild wahrgenommener Gegenstände hinter unsere Netzhaut, wir werden weitsichtig und müssen die Unschärfe des Bildes durch Akkomodation unserer Linse oder durch eine Brille mit konvexen Gläsern korrigieren. Die Wale sind an diese Situation angepaßt, indem sie eine kugelrunde Linse besitzen, die genau denselben Effekt zeigt wie die obengenannte Brille. Dies bedeutet aber, daß die Tiere in der Luft kurzsichtig sind und dies durch Akkomodation korrigieren müssen (Abb. 43). Die betreffenden Akkomodationsmuskeln hat man bei Zahnwalen gefunden; den Bartenwalen fehlen sie anscheinend. Erfahrungen mit Tümmlern

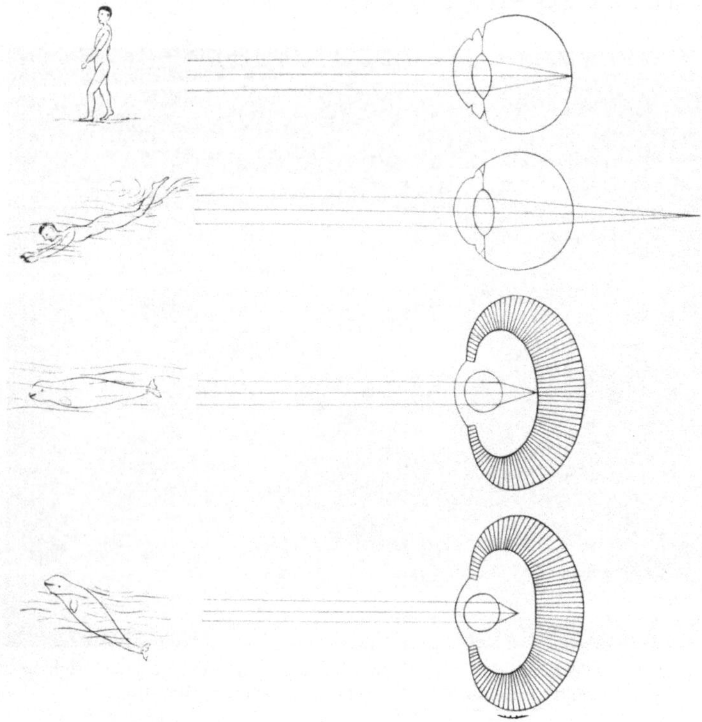

Abb. 43. Strahlengang und Abbildungsort im Auge des Menschen und des Weißwals in Wasser und in Luft. Man beachte die Dicke der Sclera beim Wal

in verschiedenen Aquarien haben gezeigt, daß diese Tiere tatsächlich bis zu einem Abstand von 15 m Gegenstände über Wasser genau wahrnehmen können. Ein Weißschnauzendelphin aus dem Aquarium Marineland in Florida hatte die Gewohnheit, kleine Steine vom Boden des Beckens aufzutauchen und diese in Richtung des Publikums auszuspucken. Die Tatsache, daß er dies besonders getan hat, wenn sich R. K. Geistliche im Publikum befanden, beweist, daß er nicht nur genau zielen, sondern auch scharf wahrnehmen konnte.

Eine andere Anpassung des Auges an das Wasserleben ist z. B. die sehr dicke bindegewebige Sclera (Abb. 43), die zwar nicht als Schutz gegen Kompression zu deuten ist, weil ja die ganze Masse des Auges unzusammendrückbar ist, die aber wohl die ovale Form des Auges erhält, die sonst unter dem allseitigen Wasserdruck bald in eine Kugelform übergehen würde. Als besondere Anpassung an die geringe Lichtstärke unter Wasser besitzen die Wale, genau wie viele Dämmerungstiere, ein gut entwickeltes Tapetum, eine hinter der Netzhaut liegende, metallisch schillernde Schicht, die das Licht reflektiert und zum zweiten Male durch die Netzhaut schickt. Auch die bessere Entwicklung der Stäbchen in der Netzhaut scheint mit dem Dämmerlicht ihres Lebensraumes zusammenzuhängen.

Daß diesen im Wasser lebenden Tieren eine Tränendrüse fehlt, ist ohne weiteres verständlich. Um das Auge gegen die Einwirkung des Salzwassers zu schützen, sind jedoch die äußeren Schichten der Hornhaut wirklich verhornt, während die sogenannte Hardersche Drüse eine ölartige, das Auge schützende Substanz ausscheidet.

Weil bei den Cetaceen der Geruch und andere chemische Sinne praktisch völlig fehlen und der Gesichtssinn nur eine beschränkte Rolle bei der Nahorientierung spielt, ist es nicht weiter verwunderlich, daß die Wale für ihre Fernorientierung sowie für ihre gegenseitige Verständigung in sehr wesentlichem Maße auf das Gehörorgan angewiesen sind. Daß die Tiere ein gutes Gehör besitzen, ist schon seit dem Altertum bekannt. PINDARUS erzählt, wie man Delphine mit Musik anlocken kann, und ARISTOTELES hat sich bereits über die Tatsache gewundert, daß man diese Tiere mit Geräuschen verjagen kann, obwohl sie nach ihm keinen Gehörgang besitzen. Spätere Untersuchungen zeigten jedoch, daß zwar keine Ohrmuschel, aber wohl ein Gehörgang in Form einer dünnen, mit Seewasser gefüllten Röhre vorhanden ist (bei Bartenwalen ist der Gang zum Teil geschlossen und in einen Bindegewebsstrang verwandelt). Jeder Walfänger kann auch erzählen, wie empfindlich die großen Wale für Geräusche sind. Vor dem zweiten Weltkrieg, als man noch nicht über so schnelle Fangboote verfügte wie jetzt, mußte man sich an die Wale gewissermaßen anschleichen.

Dazu verwendete man Fangboote mit schwingungsfreien Dampf-
maschinen. Heute erzeugt man mit Explosionsmotoren gerade sehr
viel Lärm, um die Tiere in ihrer Flucht zu überholen. Beim alten
japanischen Walfang mit Netzen, beim Braunfischfang in Dänemark und bei anderen Delphinjagden werden die Tiere auch durch
Schlagen auf das Wasser in die Netze getrieben.

Die Haltung von Delphinen in Gefangenschaft hat es möglich
gemacht, mit ihnen zu experimentieren und z. B. ihren Hörbereich
zu bestimmen. Aus Dressurversuchen mit Tümmlern hat sich
ergeben, daß sie auf Töne zwischen 150 und 153 000 Hz anspre-
chen. Oberhalb 120 000 Hz nimmt die Reaktion jedoch stark an
Intensität ab. „Hertz" ist ein Maß für die Tonhöhe und gibt die
Zahl der Schwingungen pro Sekunde an. Unser normales a liegt
etwa bei 350 Hz. Die obere Gehörgrenze des Menschen liegt zwischen 15 000 und 20 000 Hz, höhere Töne können wir nicht hören,
eine Katze reagiert aber noch auf 50 000, eine Ratte auf 90 000
und eine Fledermaus sogar noch auf 175 000 Hz. Alle Töne, die
wir Menschen nicht hören können, nennt man supersonisch
(„Ultraschall") und es ergibt sich also, daß ein beträchtlicher Teil
der Laute, die Cetaceen wahrnehmen können, im supersonischen
Gebiet liegt. Die großen Wale reagieren denn auch manchmal
sehr deutlich auf die supersonischen Töne des Echolotes oder des
Asdic-Apparates.

Hohe Töne haben für das Hören unter Wasser den Vorteil, daß
die Schwingungsbündel weniger stark zerstreut werden und deswegen ein größeres Durchdringungsvermögen besitzen. Schevill
und Lawrence haben bei ihren Versuchen mit Tümmlern denn
auch gezeigt, daß diese Tiere in einem Abstand von 25 m unter
Wasser sehr gut imstande sind, die Richtung der Laute zu erken-
nen. Aus den Versuchen von Dudok van Heel mit dem Braunfisch hat sich ergeben, daß das Richtunghören dieser Tiere unter
Wasser von genau derselben Schärfe ist wie das Richtunghören
des Menschen in der Luft.

Selbstverständlich ist ein gut ausgebildetes Richtunghören eine
der wesentlichsten Anforderungen, denen das Hauptorientierungs-
organ der Cetaceen entsprechen soll. Es ist daher sehr merkwürdig, daß von Claudius (1858) bis Yamada (1953) alle Untersucher des Gehörorgans von Walen und Delphinen immer wieder

geglaubt haben, daß die Übertragung der Schwingungen aus dem Wasser auf das innere Ohr durch Knochenleitung zustande käme. Denn bei Knochenleitung, wobei der ganze Schädel mitvibriert, ist es nicht möglich, daß die Schwingungen das linke und rechte Gehörorgan mit einem wahrnehmbaren Unterschied in Zeit, Intensität oder Phase erreichen. Und gerade auf diesem Unterschied beruht das Richtunghören.

Richtunghören ist nur möglich, wenn das linke und rechte Gehörorgan akustisch isoliert sind, d. h., wenn sie durch ein die Schwingungen nicht oder nur in geringem Maße fortpflanzendes Medium getrennt sind. Bei allen auf dem Lande lebenden Säugetieren kommt dies durch die Isolierung der beiden Trommelfelle zustande, weil die Schwingungen in der Luft beim Übergang auf den Knochen praktisch völlig erlöschen. Im Wasser, wo dies nicht der Fall ist, ist ein Richtunghören beim Menschen nahezu unmöglich. Bei Wassertieren muß also eine andere Art der Isolation des linken und rechten Gehörorgans vorhanden sein. Es ist das große Verdienst von FRASER und PURVES sowie von REYSENBACH DE HAAN gewesen, daß sie (1954 bzw. 1955) gezeigt haben, wie diese Isolierung bei den Cetaceen zustande kommt.

Die Schwingungen im Wasser werden durch den strangförmigen äußeren Gehörgang zu dem Trommelfell geleitet. Durch die Gehörknöchelchen in der Paukenhöhle (Mittelohr) werden sie dann weitergeleitet zum inneren Ohr, wo sie von dem Sinnesepithel perzipiiert werden. Die Paukenhöhle befindet sich im Inneren eines sehr speziellen Knochens an der Unterseite des Schädels, der den Namen Tympano-petro-mastoideum trägt. Einfachheitshalber werden wir ihn als „Mittelohrknochen" bezeichnen (Abb. 44). An diesem Mittelohrknochen befindet sich noch eine muschelförmige Aussackung sehr harten, glasartigen Knochengewebes: die Bulla tympani. In dieser Bulla befindet sich eine Aussackung der Paukenhöhle. Der ganze Mittelohrknochen ist nun sehr locker an dem übrigen Schädel befestigt. Außerdem ist er von einer dicken Schicht schaumerfüllter Lufträume umgeben (ebenfalls Aussackungen der Paukenhöhle). Gerade diese Schaummasse sichert die akustische Isolierung des Mittelohres von den übrigen Schädelknochen. Die Schwingungen des Trommelfells können also nur von den Gehörknöchelchen zum inneren Ohr geleitet werden.

Der Gehörknöchelchenapparat ist so konstruiert, daß er eine geringe Masse und eine große Spannung hat. Aus einem Vergleich mit Geigensaiten wissen wir, daß durch diese Merkmale der Apparat sich besonders zur Fortpflanzung hoher Töne eignet. Schon im Jahre 1908 gelang es einem Forscher aus Wien (W. KOLMER) bei seinem Besuch an der Zoologischen Station in St. Andrews (Schottland) durch die histologische Untersuchung des inneren Ohres eines Braunfisches festzustellen, daß sich in der Membran, wo die Schwingungen perzipiiert werden, sehr besondere Zellen befinden, die man auch bei anderen an das Hören hoher Töne angepaßten Säugetieren (z. B. Fledermäusen) findet. Die wichtigsten Anpassungen des Gehörgangs der Cetaceen beziehen sich also auf die akustische Isolierung des linken und rechten Gehörgangs (Richtungshören) und auf die Perzeption hoher Töne.

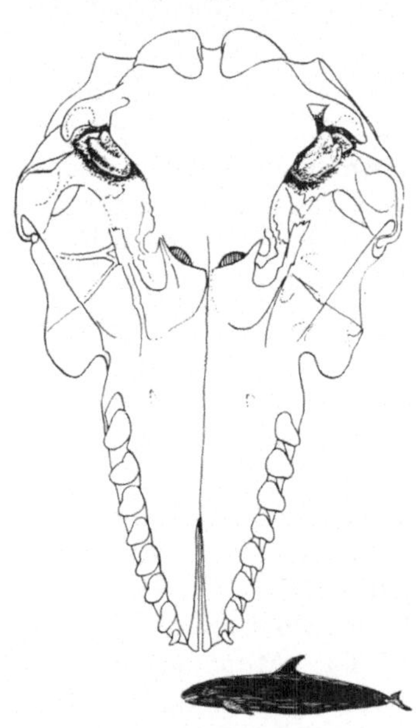

Abb. 44. Unterseite des Schädels eines Kleinen Mörders, um die Lage der Bulla zu zeigen. Nach VAN BENEDEN u. GERVAIS, 1880

Auf Grund dieser Betrachtungen über die Sinnesorgane der Cetaceen ist zu erwarten, daß diese Tiere für ihre gegenseitige Verständigung hauptsächlich auf Lautgebung angewiesen sind. Außerdem können wir erwarten, daß wenigstens ein Teil dieser Laute im supersonischen Gebiet liegen wird. Das hat nicht nur den schon oben besprochenen technisch-akustischen Vorteil, es schließt außerdem eine Verwechslung mit den von Fischen und anderen Meeresbewohnern erzeugten Lauten weitgehend aus. Die Laute von Seefischen liegen etwa zwischen 100 und 1500 Hz mit einer optimalen Stärke bei 350 Hz, während bestimmte Krebse Töne zwischen 1000 und 25000 Hz hervorbringen. Von Cetaceen erzeugte supersonische Laute würden also zum größten Teile

außerhalb des Frequenzbereiches anderer Meeresbewohner liegen,
so daß die Tiere sich gegenseitig nicht stören.

Über Wasser hervorgebrachte Laute von Walen und Delphinen
sind bereits seit ARISTOTELES bekannt. Schon die gewöhnliche
Ausatmung der großen Wale verursacht einen vibrierend-pfeifen-
den Laut, der über sehr große Entfernung wahrgenommen werden

Abb. 45. Zwei Tümmler im Aquarium Marineland (Flor.) am Hydrophon.
Aufn. F. S. ESSAPIAN (Miami)

kann. Über Wasser hörbare, jedoch unter dem Wasserspiegel
erzeugte Laute sind schon längst vom Weißwal bekannt. Englische Walfänger haben diesem Tier schon im 18. Jahrhundert den
Namen „Sea Canary" gegeben, während ein altes russisches
Sprichwort lautet: „Er schreit wie ein Weißwal."

Mit Hilfe eines Unterwassermikrophons (Hydrophons) hat man
sowohl im Freien als auch in den großen Aquarien, bei Tümmlern,
Delphinen, Grindwalen und Weißwalen eine ganze Reihe verschiedener Laute wahrgenommen und auf Schallplatten festgehal-
ten (Abb. 45). Meistens handelt es sich um einen Pfeifton von

7000 — 15 000 Hz (beim Tümmler; beim Weißwal zwischen 500
und 10 000), der stets mit einem Entweichen von Luftblasen aus
dem Spritzloch einhergeht. Man hat wahrgenommen, daß es sich
hier um ein Mittel der gegenseitigen Verständigung handelt; bei
Erregung oder wenn ein Junges von der Mutter getrennt wird,
nimmt die Zahl der Töne stark zu.

Ein kräftiges Klappen mit den Kiefern ist ein Einschüchte-
rungsmittel, um die soziale Rangordnung (s. Kapitel 6) aufrecht
zu halten. Beim Fressen wurden bellende und miauende Laute
registriert und in der Paarungszeit vernimmt man eine Art Win-
seln. Weiter hat man eine Art Glockenlaut sowie Schmatzen,
Jammern und Rülpsen festgestellt. Einige Untersucher glauben
auch bei den großen Walen Laute wahrgenommen zu haben. Viele
Versuche, diese Laute zu registrieren, blieben jedoch erfolglos.
Man kann aber kaum annehmen, daß bei Tieren mit einem so gut
angepaßten Gehörorgan keine Lautverbindung unter Wasser bestehen sollte. Mit einer verbesserten Apparatur wird man wahrscheinlich in Zukunft einen besseren Erfolg haben.

Bei den von Schallplatten wiedergegebenen Aufnahmen handelt
es sich natürlich um Laute mit einer Tonhöhe unter 20 000 Hz.
Man hat jedoch mit der modernsten Apparatur Töne bis zu
200 000 Hz wahrnehmen können und man hat sogar festgestellt,
daß ein sehr beträchtlicher Teil der Lautgebung im Ultraschall-
gebiet liegt. Wenn wir bedenken, daß die Cetaceen also sehr hohe
Töne wahrnehmen und hervorbringen können und daß sie kein
anderes Sinnesorgan für die Fernorientierung unter Wasser besitzen, liegt es auf der Hand anzunehmen, daß sie sich — so wie
die Fledermäuse im Dunkeln in der Luft — mittels einer Art
Radar-System orientieren. Es würde sich dann hier um eine Art
Echolot oder um einen Asdic-Apparat handeln — Apparate, die
Schwingungen sehr hoher Frequenz unter Wasser aussenden und
die von festen Körpern reflektierten Wellen wieder aufnehmen und
wahrnehmbar machen. Die Art der von den Cetaceen ausgesendeten Laute ist für ein solches System sehr gut geeignet. Man hat
sogar beide Prinzipien, die Tondauer- und die Frequenzmodu-
lation des Asdic-Apparats bei den supersonischen Lauten der
Delphine festgestellt. Die oben besprochenen Angaben beweisen
aber nur, daß Wale supersonische Laute hören und erzeugen

können, aber noch nicht, daß sie sich deren tatsächlich für ihre Raumorientierung bedienen. Amerikanische Untersucher haben jedoch festgestellt, daß Tümmler entweder im Dunkeln oder mit zugedeckten Augen sehr gut im Stande sind, unter Wasser allerhand Hindernisse zu vermeiden und sogar Fische aufzufinden und

Abb. 46. Tümmler, dessen Augen im Versuch von Gummideckeln zugedeckt sind. Nach Norris c. s., 1961

zu fangen (Abb. 46). Die Zahl der von ihnen ausgesendeten supersonischen Laute nimmt unter diesen Umständen ganz bemerkbar zu. Wenn auch der absolute Beweis für eine Raumorientierung mittels Asdic nur durch Ausschaltung des Gehörapparates oder des Lautapparates geliefert werden kann, darf man doch vorläufig die Annahme für richtig halten.

Sie erklärt vollkommen, warum selbst große Wale leicht mit Netzen umstellt werden können, eine Jagdmethode, die man vor allem in Japan schon seit Jahrhunderten angewandt hat. Die Tiere schrecken vor diesem eigentlich unbedeutenden Hindernis zurück und versuchen nicht, es zu durchbrechen. Wenn man z. B. Delphine in Netzen fangen will, so muß man solche mit ziemlich großen Maschen verwenden, weil sie sonst von den Tieren wahrgenommen und gemieden werden.

Die Annahme einer Asdic-Orientierung erklärt außerdem, warum Cetaceen dann und wann einzeln oder sogar in großen Herden lebend auf den Strand laufen. DUDOK VAN HEEL hat gezeigt, daß derartige Strandungen fast immer stattfinden, wenn die Strandfläche nur eine sehr geringe Neigung zeigt, oder wenn der Boden sehr schlammig ist. In diesen Fällen versagt nämlich auch ein Asdic-Apparat vollkommen, weil entweder kein Echo entsteht oder der Widerhall von allen Seiten kommt. Unter diesen Umständen können die Tiere die Küste nicht mehr peilen und es kann geschehen, daß sie plötzlich stranden.

8. Ernährung und Verdauung

Ein Blauwal hat eine mittlere Länge von 25 und eine maximale Länge von 38 m. Das maximale Gewicht beträgt etwa 135 000 kg, das ist das Gewicht von 4 Brontosauriern, 25 Elefanten, 150 Rindern, 1600 Menschen oder $2^1/_2$ Centuriontanks (Abb. 47). Der Fettertrag eines solchen Wales ist dem Butterfettertrag von 275 Rindern während eines ganzen Jahres gleichzusetzen. Der Blauwal ist das größte Tier, das je auf Erden gelebt hat und auch der Finnwal (Maximalgewicht 70 Tonnen), die übrigen Bartenwale und der Pottwal (53 Tonnen) konnten diese ungeheure Größe nur erreichen, weil sie ständig im Wasser leben.

Wenn nämlich ein Tier größer wird, so wächst sein Volumen und damit sein Gewicht mit der dritten Potenz. Das Tragvermögen der Knochen und Muskeln, die das Gewicht vom Boden erheben müssen, wächst aber nur mit der zweiten Potenz, weil, wie sich leicht einsehen läßt, die Tragkraft eines Taues nur von seiner Breite und Dicke, aber nicht von seiner Länge bestimmt wird. Das Tragvermögen von Knochen und Muskeln wird also bei zunehmender Größe der Tiere immer geringer in Hinsicht auf das Gewicht, das von ihnen getragen werden muß. Schließlich wird eine Gewichtsgrenze erreicht. Oberhalb dieser Grenze ist ein Stehen und eine Fortbewegung auf dem Lande nicht möglich. Im Wasser, wo das Gewicht vom Auftrieb kompensiert wird, gibt es, wenigstens in dieser Hinsicht, keine Beschränkungen.

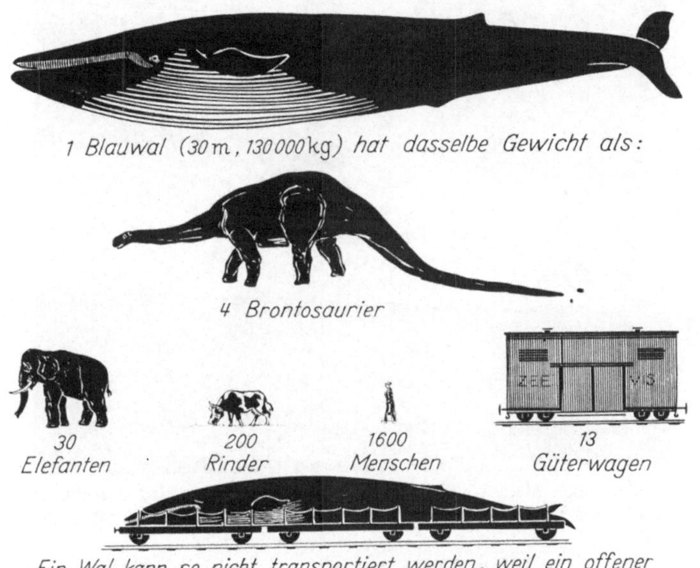

Abb. 47. Die Größe eines Blauwals. Nach SLIJPER, 1948

Das hauptsächliche Futter aller Bartenwale (mit Ausnahme des Brydewals) besteht aus kleinen Krebsen. In den antarktischen Gewässern ist es hauptsächlich ein etwa 6 cm langer Krebs, *Euphausia superba*, der ganz allgemein als „Krill" bekannt ist (Abb. 48, 49). Das Krill kann in so dichten Schwärmen in den oberen Schichten des Antarktischen Meerwassers vorkommen, daß das Wasser das Ansehen einer breiartigen, rötlich schimmernden Masse zeigt. Die orangerote Farbe des Krill beruht auf dem Vorhandensein von Carotin (eine Vorstufe des Vitamin A). In den übrigens sehr durchsichtigen Tierchen sieht man weiter sehr deutlich den grünen Mageninhalt. Das Krill ernährt sich nämlich von Kieselalgen

(Diatomeen), die genau wie alle grünen Pflanzen imstande sind,
Kohlensäure zu assimilieren und in organische Verbindungen zu
verwandeln. Der hauptsächliche Reservestoff der Diatomeen ist

Abb. 48. Wenn der Magen eines Finnwals aufgeschnitten wird, strömt das
Krill über das Deck. Aufn. W. L. van Utrecht (Amsterdam)

Fett, und wenn das Fett dieser mikroskopisch kleinen Algen erst
einmal das Krill und nachher den Wal passiert hat, können wir es
als Walöl für die Herstellung von Margarine oder Seife verwenden.

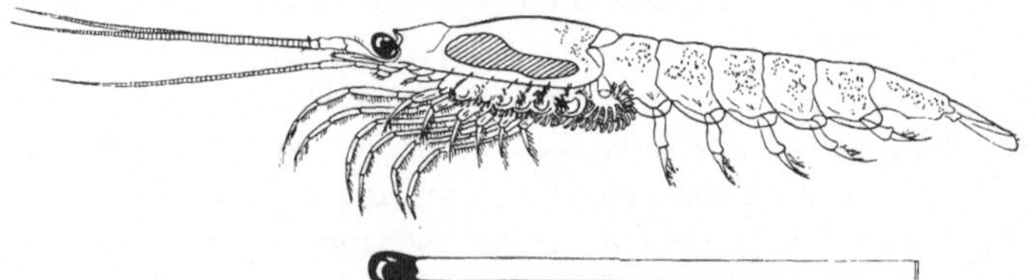

Abb. 49. „Krill", Euphausia superba Dana. ◢ = grün, ◢ = orangerot.
Abgeändert nach Mackintosh and Wheeler, 1929

Selbstverständlich können die Wale die ungeheuren Mengen
so kleiner Tierchen nicht mit einem normalen Gebiß erbeuten.
Sie brauchen dazu ein Sieb, genau wie wir es auch beim Plankton-
fang verwenden. Der wie ein Sieb wirkende Apparat der Wale

70

sind die Barten, kulissenartig hintereinander vom Gaumen herabhängende Hornplatten, 300—400 an jeder Seite des Maules, mit haarigen Fransen an der Innenseite (Abb. 50—53). Wenn die Tiere fressen, nehmen sie eine große Menge Wasser und Krill in den Mund, schließen ihn, bringen Mundboden und Zunge hoch und lassen dadurch das Wasser seitwärts zwischen den Barten

Abb. 50. Kopf eines Finnwals auf dem Hinterdeck des „Willem Barendsz".
Die vorderen Barten der rechten Seite haben eine weiße Farbe, die hinteren sind schwarz. Die Oberseite des Kopfes ist dem Beschauer zugewendet. Aufn. W. L. VAN UTRECHT (Amsterdam)

hindurch abfließen. Das Krill bleibt dabei an den Fransen hängen und wird in einer noch nicht genau bekannten Weise in den Rachen und in die Speiseröhre befördert.

Die Barten der Glattwale sind lang und schmal. Beim Grönlandwal haben sie eine mittlere Länge von 3,25 m und eine maximale Länge von 4,50 m. Beim Nordkaper beträgt die maximale Länge 2,50 m. Wegen dieser langen Barten ist der Oberkiefer der Glattwale nach oben aufgebogen und haben die Tiere eine sehr hohe Unterlippe (Abb. 54). Die Barten der Furchenwale haben eine maximale Länge von 1 m (beim Blauwal). Der Oberkiefer ist deswegen flach und es gibt keine erhöhte Unterlippe. Wahrscheinlich stehen diese Unterschiede im Zusammenhang mit der Art des Nahrungserwerbs. Glattwale schwimmen anscheinend mit nahezu dauernd offenem Maul durch die Krillmasse, während die Furchenwale das Krill mehr schluckweise erbeuten. Die Schlucke sind aber enorm, weil die Furchen in der Haut zwischen den Unterkiefern und an der Brust es möglich machen, das Maul

Abb. 51. Unterseite des Oberkiefers eines Finnwals, um die Innenseite der Barten mit den Fransen zu zeigen. Die Barten der linken Seite sind schon entfernt. Aufn. W. L. van Utrecht (Amsterdam)

außerordentlich stark zu vergrößern. Bei den Glattwalen, wo das Krill wahrscheinlich dauernd mit der Zunge von der Innenseite der Barten abgeleckt wird, hat diese Zunge eine ziemlich bewegliche Spitze; sie enthält ziemlich viele Muskelbündel. Bei den Furchenwalen findet man eine freie Zungenspitze nur bei Kälbern, die noch mit der Muttermilch ernährt werden. Später ist die Zunge nur eine Erhöhung des Mundbodens und sie enthält nur ganz wenig Muskelgewebe.

Die haarigen Fransen an der Innenseite der Barten sind beim Seiwal sehr fein und sanft, weil dieser Wal sich hauptsächlich von sehr kleinen Krebsen und anderen planktonischen Organismen ernährt. Beim Brydewal sind die Fransen dagegen dick und steif,

a

b

Abb. 52 a u. b. Barten eines Zwergwals, a von der Außen- und b von der Innenseite. Aufn. W. L. van Utrecht (Amsterdam)

weil das Futter dieses Tieres hauptsächlich aus Fischen besteht. Der Finnwal frißt in der Antarktis hauptsächlich Krill, im Nordatlantik dagegen kann ein beträchtlicher Teil seiner Nahrung aus Fischen und zwar hauptsächlich aus Heringen bestehen.

73

Selbstverständlich tragen alle Zahnwale Zähne in ihren Kiefern. Die Gebisse der einzelnen systematischen Gruppen zeigen aber in Zusammenhang mit der Nahrung sehr große Unterschiede, denn auch für diese Tiere gelten noch immer die von CUVIER vor etwa 150 Jahren gesprochenen Worte: „Montrez moi vos dents et je vous dirai qui vous êtes".

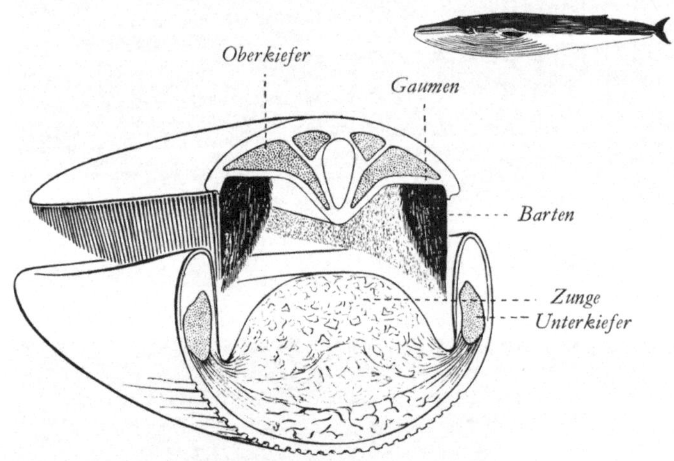

Abb. 53. Schematische Zeichnung des Kopfes eines Finnwals mit den Barten. Abgeändert nach HENTSCHEL, 1937

Bei den fischfressenden Delphinen besteht das Gebiß aus einer langen Reihe einfacher kegelförmiger Zähne mit scharfen Spitzen, die allerdings bei Braunfischen blattförmig sind (Abb. 6). Die Zahl der Zähne wechselt von 14 pro Kieferhälfte beim Irawady-Delphin bis zu 68 beim Amazonas-Delphin, dem Boto, der ein mächtiger Räuber ist und sogar die gefürchteten Piranhas frißt. Das Delphingebiß dient übrigens nur zum Greifen der Beute, die nicht gekaut, sondern als Ganzes verschluckt wird. Die Tiere müssen deswegen ihre Nahrung auf nicht allzu große Fische beschränken. Es ist sogar ein Fall eines Tümmlers bekannt, der an einem 1,20 m langen Hai erstickte.

Diese Beschränkung gilt allerdings nicht für den Schwertwal (Orca), ein bis 9,50 m langer Delphin, dem wegen seiner ungeheuren Gefräßigkeit von den Seeleuten der Name „Killer" oder

74

„Mörder" gegeben wurde. Zwar ist es zweifelhaft, ob je ein
Mensch von einem Orca getötet wurde, aber trotzdem wird jedem
Seemann unheimlich zumute, wenn die messerscharfe Rücken-
flosse des Schwertwals aus den Wellen auftaucht. Denn er ist nicht
nur ein Fischfresser, sondern er ernährt sich vorzugsweise von
Vögeln und Meeressäugetieren. Pinguine, Braunfische, Delphine,

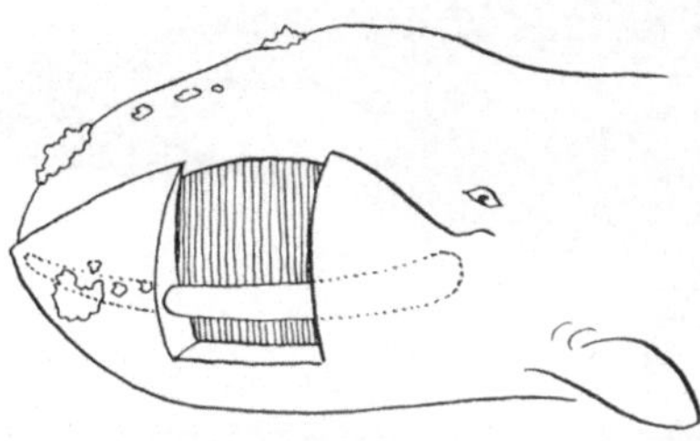

Abb. 54. Schematische Zeichnung des Kopfes eines Nordkapers. Ein Teil der
Unterlippe ist weggeschnitten, um die Lage der Barten zu zeigen. Nach
MATTHEWS, 1952

Narwale, Belugas, Seehunde und Seelöwen bilden seine Hauptnahrung. An erwachsene Walrosse wagt er sich nicht, aber die
großen Bartenwale werden öfters durch Herden von 3—40
Schwertwalen angegriffen. Sie reißen bei den großen aber ziemlich
schwerfälligen Tieren Stücke aus den Brustflossen, aus den Lippen,
aus der Zunge und aus dem Mundboden bis der Blutverlust
schließlich so groß ist, daß ihr Opfer das Leben läßt und weiter
gefressen werden kann. Besonders die langsam schwimmenden
Grauwale haben öfters sehr viel von Orcas zu leiden und für die
Jungen aller Großwale bilden diese Räuber eine wesentliche Gefahr. Ihr Gebiß besteht in jeder Kieferhälfte aus 10—14 scharfen
Zähnen, die jedoch bei älteren Tieren stark abgeschliffen sein
können. Wenn die Beute aus nicht allzu großen Tieren besteht,
wird sie im Ganzen verschlungen. Deswegen fand ESCHRICHT im
Vormagen eines 7,5 m langen Schwertwals nicht weniger als
13 noch völlig intakte Braunfische und 14 Seehunde; der 15.
Seehund befand sich noch im Rachen (Abb. 55).
Bei vielen Gruppen von Meeresbewohnern gibt es Arten, die
in ihrer Nahrung auf Tintenfische spezialisiert sind (Abb. 56).
Weil Tintenfische sich im allgemeinen nicht sehr schnell fort-

bewegen und weil sie außerdem ziemlich weich sind, kann man bei
allen Tintenfischfressern eine Reduktion des Gebisses beobachten.

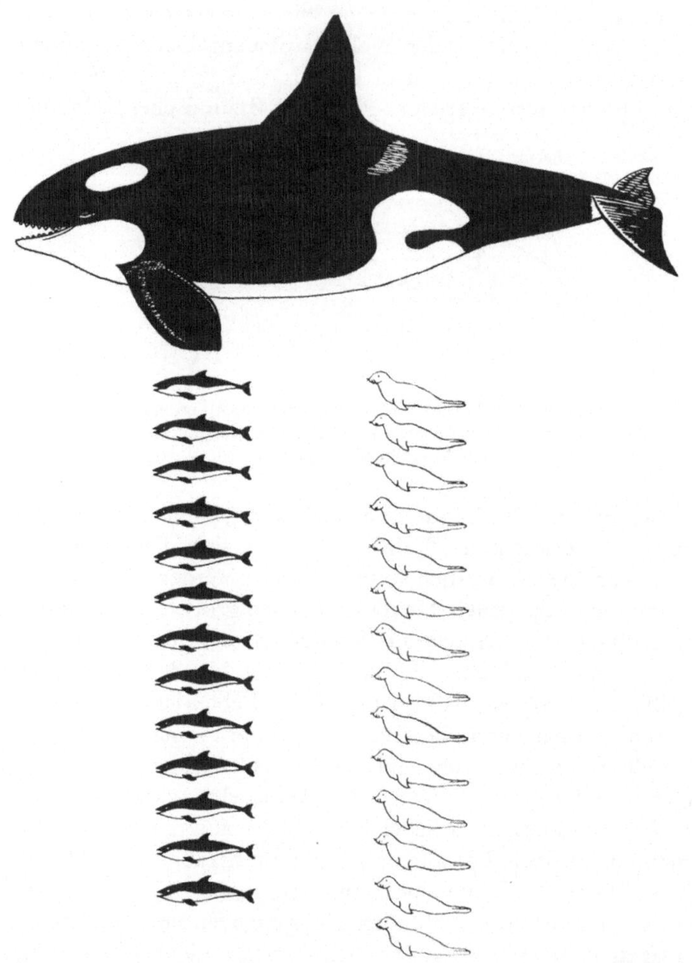

Abb. 55. Inhalt des Vormagens eines 7,5 m langen Schwertwals (Orca)

Beim untermiozänen Spitzschnauzendelphin Diochoticus aus
Patagonien findet man in den langen Kiefern noch 23 (Oberkiefer)
bzw. 19 (Unterkiefer) gut entwickelte Zähne. Dieses Tier lebte

vor etwa 18 Millionen Jahren. Beim 9 Millionen Jahre alten
Mioziphius aus dem Obermiozän von Belgien ist das Unterkiefer-
gebiß schon auf zwei Zähne reduziert (im Oberkiefer gibt es
noch 40), während beim ebenfalls obermiozänen Choneziphius
im Oberkiefer die Zahnhöhlen kaum angedeutet sind. Der rezente

Abb. 56. Der Mageninhalt des Pottwals besteht hauptsächlich aus Tintenfischen.
Aufn. W. L. van Utrecht (Amsterdam)

Tasmacetus shepherdi, der erst vor 20 Jahren in Neuseeland entdeckt wurde, hat noch 19 ziemlich gut entwickelte Zähne im Oberkiefer und 27 im Unterkiefer. Bei den übrigen rezenten Vertretern
der Ziphiiden, wie z. B. beim Entenwal, findet man nur noch
1—2 Zähne in jeder Kieferhälfte (Abb. 57). Mittels Röntgen-
aufnahmen oder bei sorgfältigem Präparieren kann man jedoch
feststellen, daß sich im Zahnfleisch meistens noch eine ganze Reihe
rudimentärer Zähne befindet.

Der Grindwal und der Kleine Mörder sind ebenfalls Tintenfischfresser, wenn auch gelegentlich ihre Nahrung ganz oder teilweise aus Fisch bestehen kann. Sie haben in jeder Kieferhälfte

nur 8—11 Zähne. Noch weiter reduziert ist das Gebiß des Grampers, dessen sechs Paar Unterkieferzähne schlecht entwickelt sind, und dem Oberkieferzähne vollkommen fehlen.

Auch beim Pottwal ist das Gebiß reduziert. Er besitzt nur im Unterkiefer 18—30 Paar Zähne (Abb. 58), die nicht mehr in einzelnen Zahnhöhlen, sondern in einer gemeinschaftlichen Knochenrinne stehen. Übrigens ist das Bindegewebe dieses Unterkiefers so

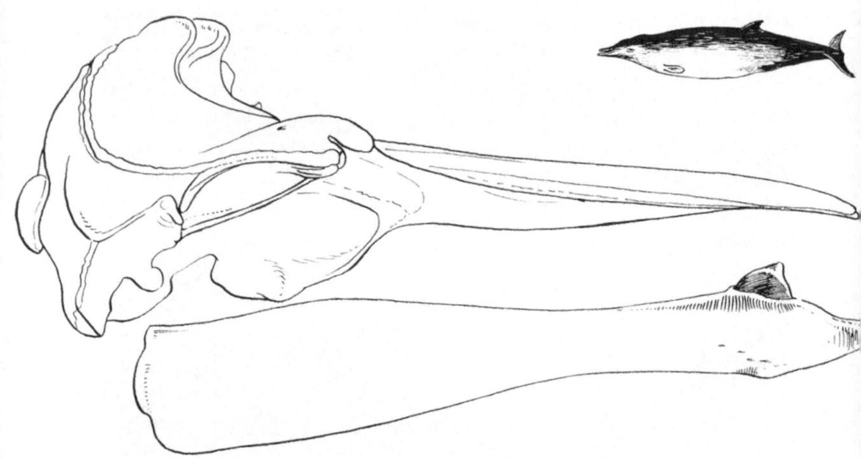

Abb. 57. Schädel eines Spitzschnauzendelphins mit nur einem einzigen Zahn im Unterkiefer. Nach van Beneden u. Gervais, 1880

außerordentlich zäh und derb, daß es manchen Souvenirjäger die Klinge seines Messers gekostet hat, wenn er versuchte, bei einem gestrandeten oder gefangenen Pottwal die Zähne herauszuschneiden. Wenn der Pottwal seinen sehr schmalen Unterkiefer schließt, fügen sich die Zähne in entsprechende Höhlen, die sich im Oberkiefer befinden. Dieser ist zahnlos, wenn man von den schon seit 1771 bekannten rudimentären Zähnen absieht, die meistens im Zahnfleisch verborgen sind, dann und wann aber auch an der Oberfläche erscheinen. Bei einem 18 m langen männlichen Pottwal, der 1937 bei Breskens strandete, fand Boschma an jeder Seite des Oberkiefers 15 solche rudimentäre Zähne.

Die Unterkieferzähne können etwa 20 cm lang sein. Sie bestehen aus sehr schönem Elfenbein, aber spielen anscheinend bei der Ernährung nicht eine so wichtige Rolle wie man erwarten möchte. Wenn nämlich die Pottwalkälber abgesetzt werden, sind ihre Zähne noch nicht durchgebrochen. Das geschieht erst im geschlechtsreifen Alter, so daß die Tiere ihre Nahrung während mindestens drei Jahren ohne Zähne erbeuten. Bei erwachsenen Tieren besteht die Beute meistens aus Tintenfischen mit einer

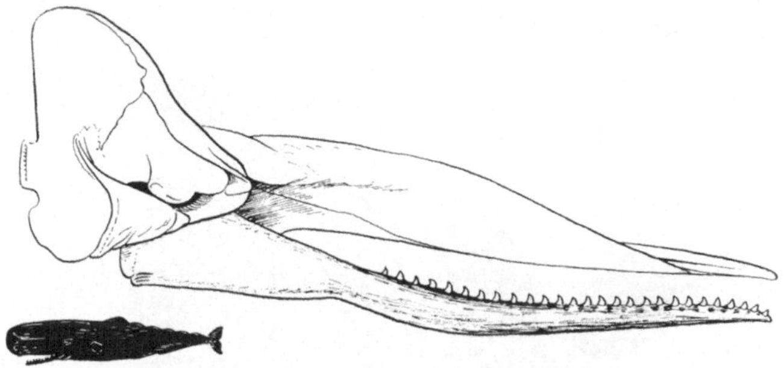

Abb. 58. Schädel vom Pottwal. Nach VAN BENEDEN u. GERVAIS, 1880

Länge von 90—120 cm (Abb. 56). Sie können sich aber auch der allergrößten Arten, wie z. B. des Architeuthis, bemächtigen. CLARKE fand z. B. an einer Landstation auf den Azoren in dem Magen eines Pottwals ein Exemplar dieses Riesentintenfisches, das 10,5 m lang war (mit Tentakeln) und 184 kg wog, das ist also das Gewicht von zwei erwachsenen Menschen und eines Kindes.

Wenn also die Geschichte von Jonas sich genau so abgespielt hat wie sie erzählt wird, muß es bestimmt ein Pottwal gewesen sein, der den armen Jonas verschlungen und wieder ausgespuckt hat, denn der Durchmesser des Rachens und der Speiseröhre der großen Bartenwale ist dazu bestimmt viel zu gering. Es scheint einmal ein Matrose von einem Pottwal angegriffen und verschlungen worden zu sein, daß aber ein Mensch einen Verbleib im Magen eines solchen Tieres überleben würde, glaubt jetzt kein Wissenschaftler mehr. Man würde sofort ersticken, wenn auch nicht wegen Raummangel, weil der Magen eines großen Bartenwals schätzungsweise einen Inhalt von etwa 1000 Liter hat.

Bezieht man diese Zahl und den Mageninhalt anderer Cetaceen jedoch auf die Körpergröße, so kann man die Kapazität des

79

Walmagens nicht groß nennen. Bei einem Fleischfresser ist ein
großer Mageninhalt auch nicht zu erwarten und die Tatsache würde
hier auch nicht so nachdrücklich betont, wenn der allgemeine Bau
des Cetaceenmagens dem der Pflanzenfresser nicht so ähnlich wäre.
Er besteht aus einem großen mit glänzend weißer cutaner Schleimhaut bekleideten Vormagen, in den keine Drüsen münden (Abb. 59).

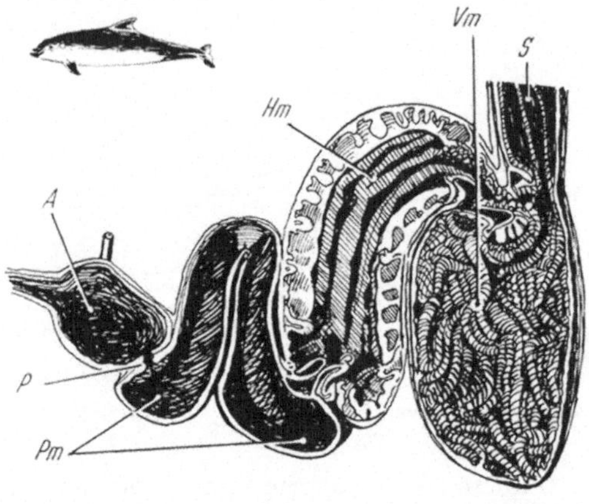

Abb. 59. Aufgeschnittener Magen des Tümmlers. *S* Speiseröhre; *Vm* Vormagen; *Hm* Hauptmagen; *Pm* Pylorusmagen; *P* Pförtner; *A* Ampulle des
Zwölffingerdarms. Nach PERNKOPF, 1937

Die Schleimhaut des Hauptmagens ist violettfarbig mit sammet-
artigem Aspekt. Man findet hier die charakteristischen Pepsin und
Salzsäure sezernierenden Magendrüsen, während auch geringe
Mengen Lipase in diesem Abteil gefunden wurden. Im dritten
Magenabteil münden die normalen Pylorusdrüsen.

Wenn auch diese Einteilung des Walmagens sehr stark an jene
der pflanzenfressenden Huftiere oder der blattessenden Guereza-
Affen erinnert, muß doch die Funktion des Vormagens eine ganz
andere sein, weil in diesem Abteil keine zellulosespaltenden Bakterien oder Einzelligen gefunden werden. Wahrscheinlich hat der
Vormagen dieselbe Funktion wie der Muskelmagen der Vögel,
in dem die Nahrung durch kräftige Zusammenziehungen der
Muskulatur und unter Mitarbeit von Sand und Steinchen zer-
kleinert wird. Man kann sich eine derartige Funktion des Walmagens sehr gut vorstellen, weil die Tiere ihre Nahrung nicht

kauen. Bei Zahnwalen hat man gelegentlich Sand und Kies im
Vormagen gefunden, dies Material ist aber nicht unbedingt notwendig, weil die Chitinpanzer des Krill und die Knochen von
Fischen an sich schon eine Materie zum Zermalmen der Nahrung
bilden. Daß diese Erklärung für
das Dasein des Vormagens wirklich stichhaltig ist, ergibt sich
aus der Tatsache, daß er bei allen Spitzschnauzendelphinen, die
weiche Tintenfische fressen, fehlt.
Bei den viel weniger spezialisier-
ten Pottwalen ist er aber wohl
vorhanden.

Vom übrigen Darmkanal kann
erwähnt werden, daß nur bei den
Bartenwalen und beim Gangesdelphin ein kleiner Blinddarm
vorhanden ist und daß, genau wie
bei den meisten Fleischfressern,
kein scharfer Unterschied zwischen Dünn- und Dickdarm besteht. Wenn man die Darmlänge
unter Berücksichtigung der Körpergröße mit derjenigen anderer
Säugetiere vergleicht, findet man
eine ziemlich genaue Übereinstimmung mit anderen Fisch-
fressern, wie z. B. mit den Flossen-
füßlern. Nur der Pottwal hat
einen verhältnismäßig sehr lan-

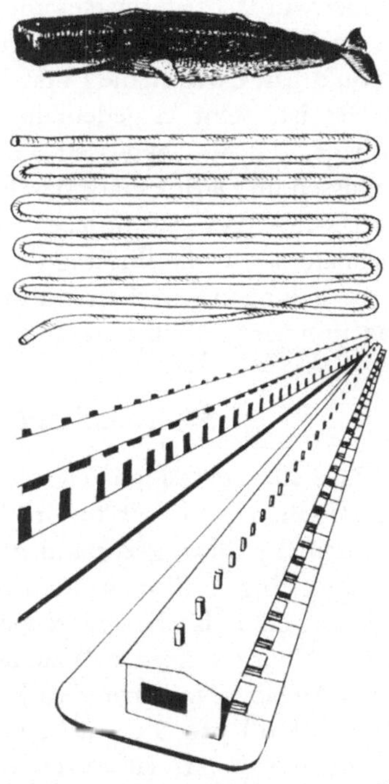

Abb. 60. Ein 17 m langer Pottwal
hat eine Darmlänge von 160 m,
d. h. die Länge einer Straße mit
25 Häusern an beiden Seiten

gen Darm, dessen absolute Länge beim lebenden Tier etwa 160 m
beträgt, d. h. also die Länge einer kleinen Straße mit 25 Häusern
an beiden Seiten (Abb. 60).

Warum der Pottwal einen so langen Darm besitzt, ist noch völlig
unbekannt. Wir wollen jedoch die Besprechung des Verdauungs-
apparates der Wale und besonders des Darmes des Pottwals nicht
beschließen, ohne die Ambra zu erwähnen. Dieses magische
Produkt, das Visionen wachruft von enormen Reichtümern, die

von armen Leuten an einsamen Stranden oder treibend auf dem Wasser gefunden wurden, wurde zuerst von den Arabern verwendet. Es galt bei ihnen und auch im mittelalterlichen Europa als ein begehrenswertes Aphrodisiacum, das in Liebesträunken verwendet wurde. Später war es unentbehrlich in der Parfümindustrie, die auch heute noch immer ein gewisses Interesse an diesem Produkt hat. Obwohl die Entstehung der Ambra noch nicht völlig geklärt ist, steht es jedenfalls fest, daß hier ein Konkrement vorliegt, das bei gewissen Pottwalen unter abnormalen Verhältnissen im Darmkanal entsteht. Die Konkremente können sehr groß sein. Man hat Stücke von 400—500 kg gefunden. Das Rohmaterial für die Bildung der Ambra ist der Darminhalt, denn es ist gelungen, im Laboratorium aus dem Kot des Pottwals eine ambraartige Substanz herzustellen.

9. Stoffwechsel, Wasserhaushalt

Wale sind gefräßige Tiere. Dudok van Heel mußte seine Braunfische täglich mit 10—12 kg Makrelen füttern, wenn er sie in gutem Ernährungszustand halten wollte, und das ist wirklich eine ausgiebige Ration, wenn man bedenkt, daß ein großer Braunfisch ungefähr das Körpergewicht eines erwachsenen Menschen besitzt. Über die großen Wale liegen selbstverständlich keine genauen Angaben vor, man darf jedoch ruhig annehmen, daß einige Tonnen Krill pro Tag nicht zu niedrig taxiert ist. Wenn man außerdem bedenkt, daß es sich dabei meistens um eine fette, d. h. eine kalorienreiche Nahrung handelt, so ergibt sich deutlich, daß die Wale einen sehr hohen Stoffwechsel besitzen. Für die Tümmler im Aquarium in New York hat man damals berechnet, daß sie 108 cal. pro kg Tier pro Tag benötigten, während der Mensch, der sich in seiner Körpergröße nicht allzuviel vom Tümmler unterscheidet, nur 53 cal. braucht.

Die Ursache für diesen hohen Stoffumsatz im Walkörper liegt natürlich in erster Linie in der Tatsache, daß die Tiere nahezu immer in Bewegung sind, daß sie sich nie auf ein Lager oder in eine Höhle zurückziehen können und daß sie sogar im Schlaf noch Schwimmbewegungen machen müssen. In zweiter Linie ist aber der Wärmeverlust dieser Tiere viel größer als bei Landtieren,

weil das Wärmeleitungsvermögen im Wasser etwa 27mal so groß
ist als auf dem Lande und außerdem das ständig längs dem Körper
strömende Wasser eine schnelle Wärmeabfuhr verursacht. Wenn
wir bedenken, daß ein Mensch in Wasser von etwa 0^0 C schon
nach etwa zehn Minuten bewußtlos wird, so können wir uns
vorstellen, vor welche Schwierigkeiten die Wale in Hinsicht auf
ihren Wärmehaushalt gestellt sind.

Der Leser wird aber sofort sagen, daß die Lösung für dieses
Problem natürlich in der wärme-isolierenden Speckschicht gefunden werden kann. Wie beim Menschen und anderen Säugetieren
besteht die Haut der Wale nämlich aus einer Oberhaut, einer
Lederhaut und einem Unterhautbindegewebe. Die Oberhaut ist
sehr dünn; bei den großen Walen hat sie nur eine Dicke von
5—7 mm und die äußeren, verhornten Schichten sind kaum einen
Millimeter dick. Die fettfreie Lederhaut ist ebenfalls sehr dünn,
meistens beträgt ihre Dicke nur ein paar Millimeter. Deswegen
kann man sie auch nicht zur Herstellung von Leder verwenden.
Eine Ausnahme bildet die Haut vom Narwal, von der Beluga
und von gewissen Flußdelphinen, während auch die Haut des
männlichen Gliedes der großen Wale sich gerben und zu Leder-
waren bearbeiten läßt. Viele Walfänger haben sich aus diesem
Material eine Lederjacke oder eine Polsterung ihres bequemen
Sessels herstellen lassen. Genau wie beim Schwein befindet sich die
Speckschicht im Unterhautbindegewebe. Sie besteht aus derbem
Bindegewebe mit großen Komplexen von Fettzellen, und sie zeigt
eine nur sehr mäßige Durchblutung.

Bei den Glattwalen ist die Speckschicht sehr dick; im Mittel
etwa 50 cm, sie kann aber auch eine Dicke von 70 cm zeigen. Beim
Pottwal und Buckelwal beträgt die Dicke im Mittel 12—18 cm,
beim Blau- und Finnwal 8—14 cm, während der Seiwal mit einer
Speckdicke von 5—8 cm bestimmt als der magerste der großen
Wale vermerkt werden kann. Die angeführten Zahlen sind jedoch
nur Mittelwerte. Die Dicke der Speckschicht ist sehr verschieden
in den verschiedenen Regionen des Körpers, sie ist verschieden bei
Tieren verschiedener Länge, und außerdem weisen trächtige
Weibchen eine sehr dicke, laktierende Weibchen dagegen eine
sehr dünne Speckschicht auf. Selbstverständlich ist die Dicke der
Speckschicht sehr stark abhängig von der Jahreszeit. Bei den

regelmäßig wandernden Arten (s. Kapitel 10) ist die Schicht dünn, wenn die Tiere in den Polargewässern ankommen, und am dicksten, wenn sie diese Regionen wieder verlassen. Es ist aber merkwürdig, daß, wenigstens bei den antarktischen Furchenwalen, die Speckschicht nach Ende Januar kaum mehr zunimmt. Was weiter als Reservefett von den Tieren im Körper gespeichert wird, wird entweder in den Knochen oder in den Muskeln, oder aber zwischen den Organen abgelagert. Wäre die Speckschicht dicker als etwa 14 cm, so könnten die Tiere wahrscheinlich die Wärme, die bei der Fortbewegung entsteht, nicht mehr abführen und sie wären gezwungen, entweder nur sehr langsam zu schwimmen, oder inmitten des Polareises an Wärmestauung zugrunde zu gehen. Die Tiere haben nämlich keine Schweißdrüsen — dessen Schweiß übrigens im Wasser auch nicht verdampfen würde — während die Anordnung ihrer Hautgefäße mehr auf das Behalten als auf die Abfuhr von Wärme eingestellt ist.

Ein günstiger Umstand für die Regulierung der Körpertemperatur ist die Tatsache, daß die Temperaturschwankungen, und namentlich die täglichen Temperaturschwankungen, im Wasser gering sind. Die Körpertemperatur aller Cetaceen beträgt wahrscheinlich im Mittel 35,5°C. Für die Säugetiere im allgemeinen ist das eine ziemlich niedrige Zahl, die meisten Säugetiere besitzen eine Körpertemperatur, die deutlich oberhalb von der des Menschen liegt.

Weil wir gesehen haben, daß die Cetaceen einen hohen Stoffwechsel aufweisen, verwundert es uns nicht, daß auch die Drüsen mit innerer Sekretion im Verhältnis zu den Landsäugetieren gut entwickelt sind. Namentlich das Gewicht von Schilddrüse und Nebenniere liegt oberhalb der entsprechenden Gewichte bei den Landbewohnern. Technisch werden die Produkte dieser Organe sowie das Insulin aus der Bauchspeicheldrüse nur von den Japanern verwendet. Auf den norwegischen Schiffen wird aber der Vorderlappen der Hypophyse für die Herstellung des A. C. T. H.[1] gesammelt.

Es würde den Rahmen dieses Buches überschreiten, hier weiter auf die verschiedenen, den Stoffwechsel regulierenden Organe,

---

[1] A.C.T.H. (adreno-corticotrope Hormone) ist ein Hormon, das die Nebennierenrinde zu erhöhter Aktivität stimuliert.

wie z. B. die Leber, einzugehen. Über die Nieren sei jedoch noch einiges erwähnt, weil diese gerade bei Tieren, die in Salzwasser leben, charakteristische Anpassungen an die Umwelt zeigen müssen. Wirbeltiere sind nämlich eigentlich nicht für das Leben im Meerwasser geschaffen, weil bei ihnen die Salzkonzentration des Blutes und der Körpersäfte niedriger ist als die Konzentration des Meerwassers, während bei wirbellosen Meerestieren meistens ein Gleichgewicht in der Konzentration innerhalb und außerhalb des Körpers besteht. Weil hinsichtlich der Konzentrationsunterschiede bei Wirbeltieren die Mund-, Rachen- und Darmschleimhaut als sogenannte semipermeabele Membranen wirken (sie lassen das Wasser durch, nicht aber die Salze) und immer die Neigung besteht zur Herstellung eines Konzentrationsgleichgewichts zu beiden Seiten einer solchen Membran, wird dem Körper eines sich im Meere befindenden Wirbeltiers dauernd Wasser entzogen. Die Tiere kompensieren diesen Verlust, indem sie Wasser trinken, oder Wasser mit ihrer Nahrung aufnehmen. Dabei wird aber auch wieder eine große Menge Salz aufgenommen, das bei Knochenfischen von speziellen Chloridsekretzellen in den Kiemen aus dem Körper entfernt wird.

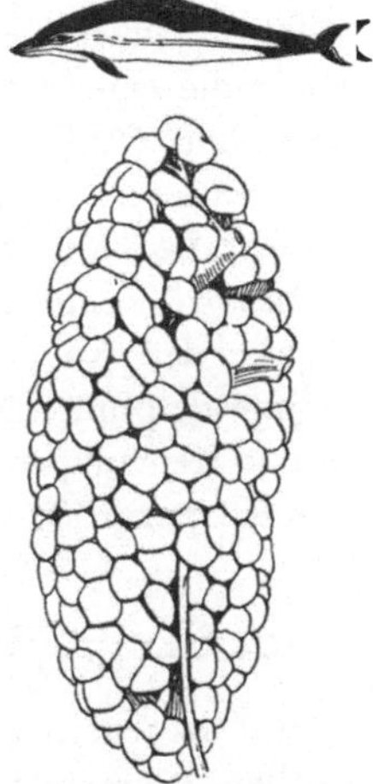

Abb. 61. Niere des Delphins. Nach ANTHONY, 1922

Bei Säugetieren kommen solche Zellen jedoch nicht vor, und weil die Cetaceen auch nicht über Schweißdrüsen verfügen, können sie das Zuviel an Salz nur mittels ihrer Nieren entfernen. FETCHER hat gezeigt, daß Tümmler dann und wann während einer verhältnismäßig kurzen Zeit einen Urin mit hohem Salzgehalt ausscheiden können, daß aber im allgemeinen der Urin eine für die Säugetiere normale Konzentration zeigt. Dies bedeutet, daß das Übermaß an Salz im Körper nur durch die Produktion von sehr viel Urin entfernt werden kann und dies bedeutet wieder, daß dazu beträchtliche Quantitäten Wasser benötigt werden. Dies Wasser steht den Walen wahrscheinlich zur Verfügung, weil sie weder verdampfen noch schwitzen können, während bei ihrem hohen Stoffwechsel und namentlich bei der Verbrennung von Fett sehr viel Wasser frei wird.

Leider wissen wir bis jetzt nicht, ob die Wale tatsächlich pro
Tag eine so große Menge Urin produzieren; es ist aber sehr wahrscheinlich, weil die Nieren im Verhältnis zu den Landsäugetieren
sehr groß sind. Sie haben bei gleich großen Tieren etwa das doppelte
Gewicht. Weil außerdem die Ausscheidung des Wassers in erster
Linie in der Rindensubstanz der Niere stattfindet, hat bei den
Cetaceen eine extra Vergrößerung dieser Rindensubstanz stattgefunden durch Aufteilung der Niere in sehr viele kleine Läpp-
chen, die eigentlich jeder für sich ein einzelnes kleines Nierchen
darstellen (Abb. 61). Eine solche Renculiniere findet man auch
bei gewissen Landsäugetieren wie z. B. beim Rinde und bei
Bären; die Zahl der Renculi ist aber bei den Walen um ein Vielfaches größer. Sie beträgt beim Braunfisch 250, bei Delphinen 450
und bei den großen Walen etwa 3000 je Niere. Beim 225 cm langen
Gangesdelphin, der im Süßwasser lebt, fand ANDERSON jedoch
nur 80 Renculi pro Niere und waren die Nieren auch im Verhältnis
zur Körpergröße viel kleiner als bei den Meeresbewohnern.

10. Geographische Verbreitung; Wanderungen

Wir haben in den vorigen Kapiteln schon gesehen, daß die
großen Wale sich im allgemeinen nur mit sehr kleinen planktonischen Krebsen (dem Krill) ernähren und daß das Vorkommen
des Krill wieder vom Vorkommen kleiner pflanzlicher Organismen,
der Diatomeen, abhängt. Die Entwicklung pflanzlicher Organismen hängt wieder in erster Linie von der Anwesenheit von Kohlensäure, Sauerstoff und anorganischen Bestandteilen im Meeres-
wasser ab. Kohlensäure und Sauerstoff sind in kaltem Wasser in
größerer Menge vorhanden als in warmem Wasser, während ande-
rerseits Bakterien — die öfters einen großen Teil der vorhandenen
Nahrung verbrauchen — in den kalten Gewässern weniger gut
gedeihen als in den Tropen und Subtropen. Deswegen gibt es im
allgemeinen in den warmen Gewässern wenig, in den kalten dagegen viel Plankton. Die anorganischen Salze werden in der südlichen Hemisphäre dem Oberflächenwasser von einem tiefen aus
den Tropen stammenden Wasserstrom zugeführt, der etwa beim
53. Breitegrad an die Oberfläche kommt. Die Zufuhr großer Mengen anorganischer Nahrungsbestandteile an ein kohlensäure- und

sauerstoffreiches Wasser schafft die idealen Umstände für die Entwicklung pflanzlichen und tierischen Planktons.

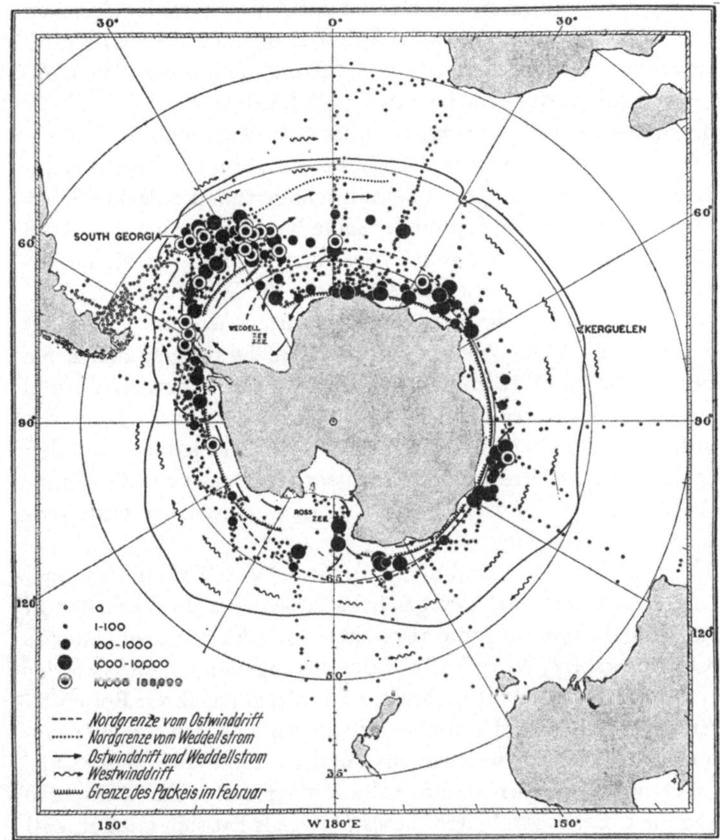

Abb. 62. Verbreitung des Krill in den antarktischen Gewässern von Januar bis März. Die Größe der Tüpfel bildet ein Maß für die Zahl der Tierchen, die mit einem Zug eines Planktonnetzes von 1 m Durchmesser an der Oberfläche des Wassers gefangen wurden. Nach MARR, 1956

Während nun das Plankton als solches ziemlich regelmäßig über die ganze Zone zwischen etwa 50° S und dem antarktischen Kontinent verbreitet ist, bildet gerade die Nahrung der Wale, das Krill, eine Ausnahme. Offenbar gedeihen diese Krebse am besten in sehr kaltem Wasser. Englische Biologen (FRASER, Miss BARGMANN, MARR), haben nämlich gezeigt, daß große Konzentrationen des Krill eigentlich nur in zwei Gebieten vorkommen: in der Zone der Ostwinddrift zwischen etwa 63°S und dem antarktischen Kontinent und im Weddell-Strom, einem Strom, der aus dem Weddell-Meer nordostwärts fließt bis etwa 50°S (Abb. 62).

In diesen beiden Gebieten befindet sich denn auch die Hauptmacht der antarktischen Wale. Aber nur im Sommer. Wenn nämlich im Herbst die Temperatur sinkt, schiebt sich das Packeis langsam nordwärts, um im September seine Nordgrenze bei etwa 55°S zu erreichen. Dann ist das ganze Gebiet, in dem das Krill vorkommt, vom Packeis überdeckt und für die Wale unzugänglich. Im Treibeis können die Tiere ja noch auftauchen und atmen, im festen Packeis ist das aber ausgeschlossen. Deswegen ziehen die großen Wale im März und April nordwärts. Eine gewisse Anzahl überwintert wahrscheinlich in den offenen Gewässern längs der Nordgrenze des Packeises, die Hauptmacht zieht jedoch nach den tropischen und subtropischen Gewässern, wie man aus den Fangergebnissen der Landstationen in Afrika, Australien und Südamerika schließen kann.

Über das Verhalten und die Verbreitung der Wale in den warmen Gewässern ist viel weniger bekannt als über ihr Verhalten in den Polargebieten. Im Jahre 1951 hat jedoch das National Institute of Oceanography (Wormley bei London) angefangen, Offiziere der Kauffahrtei für das Wahrnehmen von Walen auf ihren Reisen zu interessieren. Die holländische Arbeitsgemeinschaft für Walforschung T. N. O. hat zwischen 1954 und 1958 mit Hilfe dieser Offiziere etwa 4000 Wahrnehmungen[1] aus allen Teilen der Weltmeere gesammelt. Beim Bearbeiten dieses Materials hat sich gezeigt, daß es in den Tropen bestimmte Gebiete gibt, wo die Wale sich konzentrieren, offenbar, weil das Wasser dort sehr nahrungsreich ist. Aus der Fischereistatistik geht nämlich hervor, daß sich gerade in diesen Gebieten die Maxima des tropischen Fischfangs befinden, während man dort auch sehr große Konzentrationen von Delphinen beobachtet hat. Die betreffenden Gebiete sind z. B. das Arabische Meer, der Golf von Aden, das Caribische Meer sowie

---

[1] Diese beziehen sich auf etwa 11000 Tiere.

bestimmte Gebiete bei Dakar und New Foundland. Es ist sogar sehr wahrscheinlich, daß ein von Jahr zu Jahr wechselnder Teil des antarktischen und arktischen Walbestandes im Sommer gar nicht nach den Polargewässern zieht, sondern in bestimmten tropischen oder subtropischen Gebieten übersommert. Die Anzahl der in den Tropen übersommernden oder der am Nordrand des Eises überwinternden Tiere kann man auch schätzungsweise noch gar nicht bestimmen, man hat jedoch den Eindruck, daß die Mehrzahl der Tiere bestimmt jährlich die 17000 km lange Strecke vom Polareis

Abb. 63. Walmarke des National Institute of Oceanography, Wormley bei London

nach den Tropen und zurück durchschwimmt. Wenn die Wale auch hier und da in den Tropen Nahrung finden, so kommen sie doch stark abgemagert in die kalten Gewässer zurück.

Die ältesten Angaben über die Wanderwege der Wale stammen schon aus der zweiten Hälfte des 19. Jahrhunderts, als auf norwegischen Landstationen Blauwale angebracht wurden, die amerikanische Bombenlanzen in ihrem Körper mittrugen, und die also offenbar an der amerikanischen Küste gejagt waren. Eine systematische Markierung, wie man das z. B. für die Erforschung des Vogelzuges macht, wurde aber erst möglich, als es im Jahre 1931 dem „Discovery Committee" gelang, eine Walmarkierungsmarke zu entwickeln. Es handelt sich dabei um einen 27 cm langen, rostfreien Metallpfeil mit Bleikopf, der mittels einer ordentlichen Jagdpatrone von einem Gewehr (das man meistens auf der Harpunkanone montiert) abgeschossen werden kann (Abb. 63). Die Inschrift auf dem Metallpfeil gewährleistet dem Finder eine Belohnung[1].

Von 1934 bis 1939 wurden von der „William Scoresby" 5063 Marken verschossen, von denen man bisher ungefähr 400 zurückgefunden hat. Man trifft sie meistens in den Rückenmuskeln

---

[1] Es hat sich gezeigt, daß ein von einer Marke getroffener Wal darauf nicht oder kaum reagiert. Offenbar ist die Auswirkung der Markierung nicht stärker als die eines Nadelstiches beim Menschen.

an, wo sie so gut verborgen sein können, daß sie bei der Bearbeitung am Deck des Walfangmutterschiffes nicht einmal zum Vorschein kommen. Manchmal werden die Marken erst in der Kochapparatur gefunden, und es ist dann nicht mehr möglich, einwandfrei festzustellen, zu welchem Wal sie gehörten. Daß die Markierung harmlos ist und die Marken von den Tieren sehr lange mitgeführt werden können, beweist die Tatsache, daß noch jedes Jahr Marken aus den dreißiger Jahren gefunden werden. Weil die Walmarkierung eine sehr kostspielige Angelegenheit ist, hat man dieses Verfahren nach dem zweiten Weltkrieg nicht in derselben Weise fortsetzen können wie vorher. Meistens werden die Tiere jetzt vor dem Anfang der eigentlichen Walfangsaison von bestimmten Fangbooten markiert. Viele dieser Tiere werden jedoch noch in derselben Saison geschossen.

Die internationale Walfangstatistik hatte schon gezeigt, daß die Verbreitung der Wale über die antarktischen Gewässer nicht gleichmäßig ist, sondern daß man in sechs Gebieten eine deutliche Konzentration der Tiere antrifft, die wahrscheinlich in erster Linie von einer Anhäufung des Krill in diesen Gegenden verursacht wird. Es handelt sich dabei um Gebiete südlich des Atlantischen Ozeans (20—70⁰ W), südlich von Afrika (20—40⁰ O), südwestlich von Australien (80—110⁰ O), südöstlich von Australien (150 bis 170⁰ O), südöstlich von Neuseeland (160—140⁰ W) und südwestlich von Südamerika (110—70⁰ W). Die Ergebnisse der Markierungsforschung haben gezeigt, daß beim Buckelwal diese Trennung der einzelnen antarktischen Bestände außerdem bestimmt wird von der Tatsache, daß die Wanderwege der Tiere praktisch auf die Küstengewässer der Kontinente beschränkt sind. Sie ziehen hauptsächlich längs den Meridianen nord- und südwärts und bevölkern deswegen nur die obengenannten Gebiete der Antarktis (Abb. 64). Ein Austausch zwischen den einzelnen Beständen findet im südlichen Eismeer fast gar nicht statt. Es kann aber geschehen, daß z. B. ein Buckelwal des südatlantischen Bestandes nach der afrikanischen Westküste zieht und sich dort in eine Herde einfügt, die zum südafrikanischen Bestand gehört.

Beim Blau- und Finnwal sind die Bestände weniger scharf getrennt. Die Walmarkierung hat nachgewiesen, daß zwar auch diese Tiere hauptsächlich von Süd nach Nord und umgekehrt ziehen, daß aber ein stärkerer Austausch zwischen den Gruppen stattfindet als beim Buckelwal (Abb. 65). Beim Finnwal wurde dieser Austausch bisher maximal über einen Abstand von 50°,

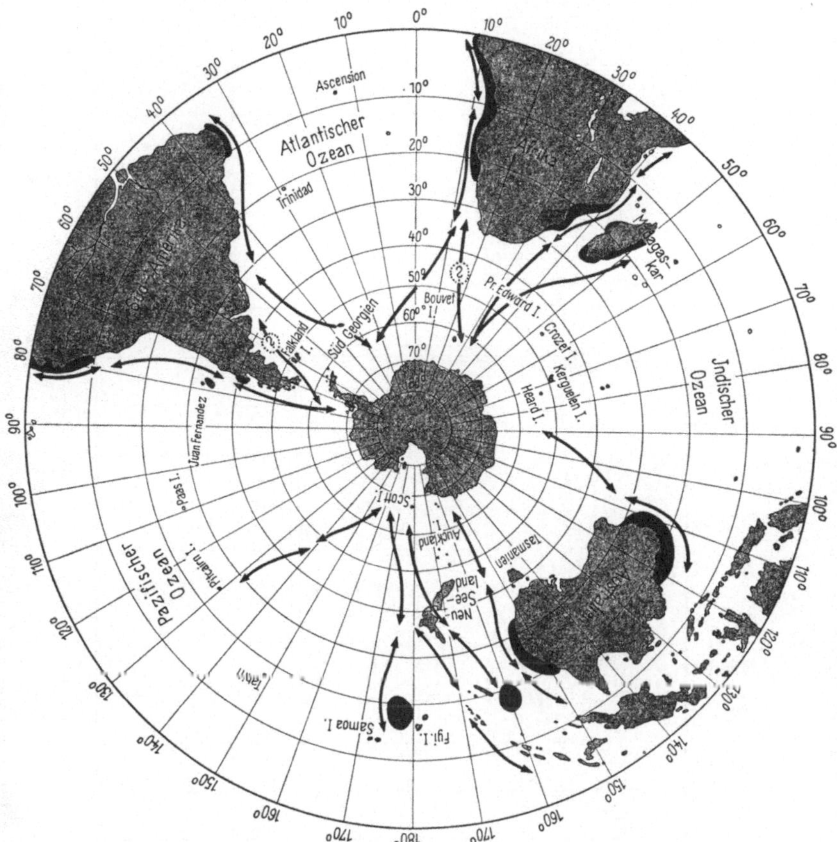

Abb. 64. Verbreitung und Wanderungen des Buckelwals auf der südlichen Halbkugel

beim Blauwal maximal über 87° festgestellt. Der Wechsel kann sowohl in den tropischen Gewässern als auch in der Antarktis selber stattfinden. Es ist sogar ein Fall eines Blauwals bekannt, der in 47 Tagen eine Strecke von 1900 Meilen im südlichen Eismeer zurücklegte.

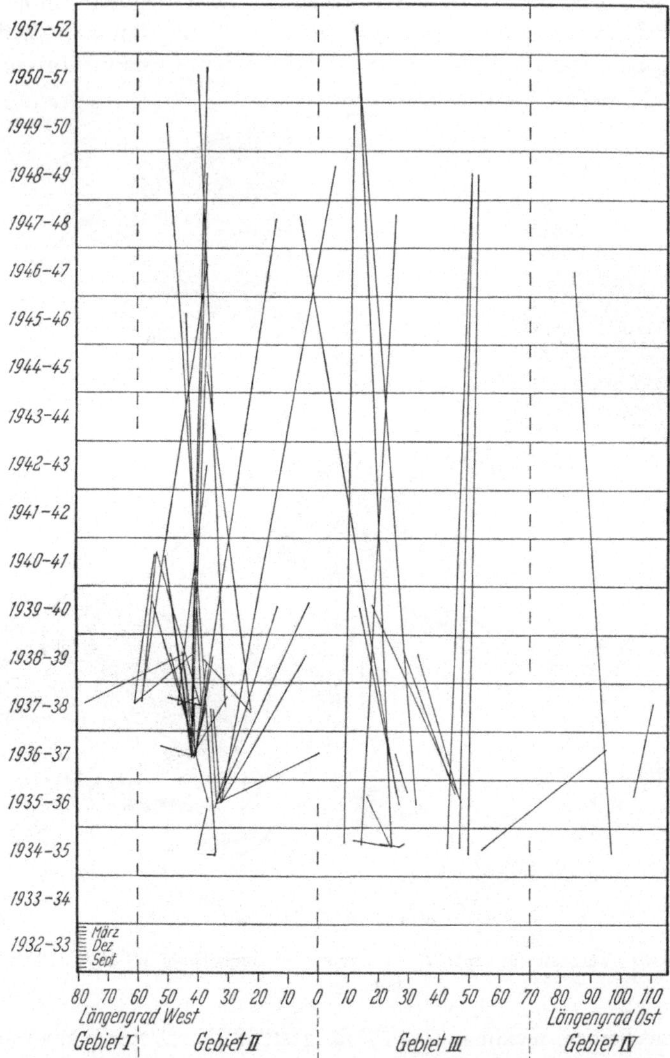

Abb. 65. Ergebnisse der Walmarkierung beim Finnwal. Jede Linie verbindet die Stelle in den Antarktischen Gewässern, wo das betreffende Tier markiert wurde, mit der Stelle, wo die Marke zurückgefunden wurde. Nach Brown, 1954

Die Wanderwege der Blau- und Finnwale liegen auch bestimmt
weiter von der Küste weg als beim Buckelwal. Während von südamerikanischen und südafrikanischen Landstationen noch eine
gewisse Anzahl (wenn auch hauptsächlich junge) Finnwale gefangen wird, scheinen Blauwale so weit vom Lande entfernt zu
wandern, daß sie (genau wie die meisten erwachsenen Finnwale)
fast niemals von tropischen Walfängern erbeutet werden. Auch in
anderer Hinsicht gibt es gewisse Unterschiede im Verhalten zwischen diesen beiden Arten. Während der Blauwal sich hauptsächlich
innerhalb der Treibeiszone aufhält, findet man die meisten Finnwale
außerhalb dieses Gebietes im offenen Wasser. Eine Erklärung für
diesen Unterschied hat man jedoch noch nicht gefunden.

Die Wanderungen der Wale des nördlichen Eismeeres stimmen
in großen Zügen mit denen ihrer antarktischen Verwandten überein. Auch sie ziehen im Winter bis in die tropischen Gewässer.
Weil die südlichen Bestände sich dann aber hauptsächlich in der
Antarktis befinden, hat man den Eindruck bekommen, daß nur
in Ausnahmefällen eine Mischung beider Bestände stattfindet.
Daß es dann und wann geschieht, beweist die von ZENKOVITCH
angeführte Tatsache, daß man z. B. bei Kamchatka Blau- und
Finnwale gefangen hat mit südlichen Hautparasiten (Penella). Im
Atlantischen Ozean scheint beim Finnwal der Zug weniger aus-
gesprochen zu sein als in den Pazifischen Gewässern. Ein be-
trächtlicher Teil des nordatlantischen Finnwalbestandes befindet
sich sowohl im Sommer als auch im Winter in der gemäßigten Zone.
Wahrscheinlich hängt dies zusammen mit der Tatsache, daß die
Finnwale des Nordatlantik viel Fische, und zwar hauptsächlich
Heringe fressen.

Verbreitung und Wanderungen des Grauwals, des Zwergwals,
des Entenwals und des Nordkapers stimmen in großen Zügen mit
den Verhältnissen beim Blau- und Finnwal überein. Grönlandwale, Zwergglattwale, Weißwale und Narwale verlassen die Polar-
gewässer dagegen im allgemeinen nicht und zeigen nur innerhalb
dieser Gebiete beschränkte Wanderungen. Seiwale und Bryde-
wale leben hauptsächlich in den tropischen und subtropischen Gewässern und nur ein Teil des Seiwalbestandes wagt es, sich während einer kurzen Periode im Sommer mit dem arktischen oder
antarktischen Krill zu ernähren.

Weibliche und junge Pottwale findet man nur in den Gewässern zwischen 40⁰ N und 40⁰ S. Es sind nur zwei Strandungen einer Herde mit weiblichen Tieren außerhalb dieser Zone bekannt, und zwar im Dezember 1723 bei Hamburg (54⁰ N) und am 14. März 1784 bei Audierne (Bretagne; 48⁰ N). Alle anderen Strandungen an der englischen, belgischen, holländischen oder deutschen Küste beziehen sich immer auf erwachsene oder nahezu erwachsene Männchen, die keinen Harem (s. Kapitel 6) erobern konnten und die im Sommer bis in das nördliche oder südliche Eis ziehen. Die Verbreitung der Tiere in den Tropen ist kosmopolitisch; dennoch hängen gewisse Wanderungen und das Vorkommen gewisser Konzentrationen in starkem Maße mit dem Vorkommen ihrer Nahrung (Tintenfische) zusammen. Man findet die Tiere z. B. sehr häufig bei den Azoren, bei den Galapagosinseln und an der Westküste Südafrikas.

11. Fortpflanzung

Das Hauptthema der angewandten Walforschung, die Frage, wieviel Wale man jährlich fangen darf, ohne dem Bestand zu schaden, braucht, der Natur der Sache nach, genaue Angaben über den jährlichen Zuwachs der Tiere, d. h. ein genaues Verständnis ihrer Fortpflanzung. Deswegen hat sich gerade diese Gruppe der Walforscher in den letzten Dezennien eingehend mit der Fortpflanzung beschäftigt und ein Tatsachenmaterial gesammelt, das ohne den obengenannten Hintergrund bestimmt nicht zur Verfügung gestanden hätte.

Trotzdem ist der Biologe über bestimmte Vorgänge des Fortpflanzungsprozesses noch gar nicht so gut informiert, wie er es wünscht. Über den Paarungsvorgang z. B. liegen, besonders in Hinsicht auf die großen Wale, nur ziemlich dürftige Angaben vor. Wir wissen jedoch, daß die Paarung bei den großen Walen fast immer in den warmen Gewässern stattfindet, und wir wissen auch, daß der eigentliche Paarungsakt sehr schnell verläuft. Jeder Beobachter der Kopulation bei den großen Walen und den Delphinen (in den großen Aquarien und im Freien) spricht immer über eine Zeitdauer von 5—20 Sekunden; der Vorgang stimmt also genau mit den Verhältnissen bei den meisten Paarhufern (Rind,

Schaf, Hirsch) überein. Diese blitzschnelle Paarung hängt wieder
aufs engste zusammen mit dem Bau des männlichen Gliedes.

Genau wie bei den obengenannten Paarhufern besteht der Penis
der Cetaceen aus einem derben Strang elastischen Gewebes mit einer
Länge von 2,5 bis 3 Meter bei den großen Walen. Dieser Strang liegt
in einer Schlinge unter der Bauchhaut und wird nur bei sexueller

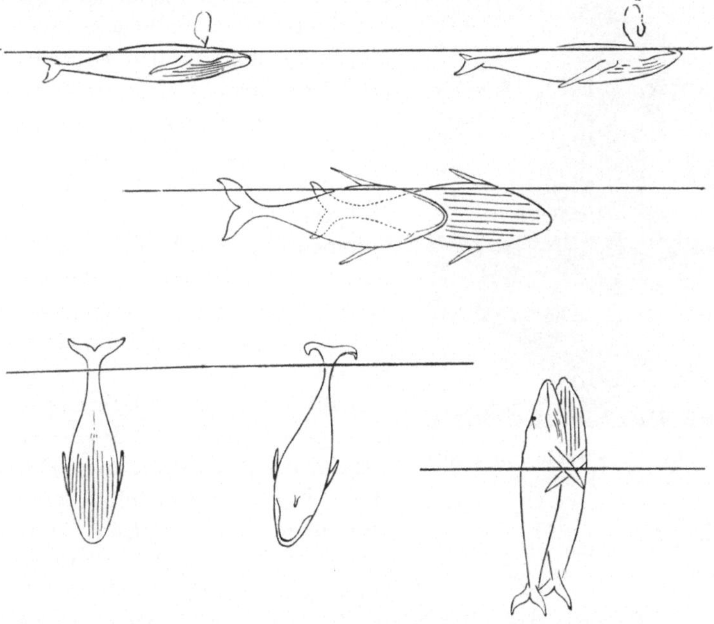

Abb. 66. Skizzen von der Paarung des Buckelwals. Nach NISHIWAKI und
HAYASHI, 1951

Erregung ausgeschachtet. Weil dieses Ausschachten hauptsächlich
auf der Elastizität des Organs und nur in geringem Maße auf der
Füllung mit Blut beruht, kann es sehr schnell geschehen.

Die gegenseitige Lage der beiden Tiere bei der Paarung kann
sehr verschieden sein. Bei Delphinen hat man gesehen, daß sie
nebeneinander schwammen und die Männchen ihren Schwanz
unter den Körper der Weibchen krümmten. Bei den großen
Walen scheint die Paarung nahezu immer Bauch an Bauch statt-
zufinden (Abb. 66). Dabei können die Tiere in Seitenlage an der

Oberfläche des Wassers schwimmen, oder sie können sich mit einander zugekehrten Bauchseiten senkrecht aus dem Wasser erheben, wie man das z. B. beim Buckelwal, beim Finnwal und beim Pottwal gesehen hat. Alle Beobachter stimmen jedoch darin überein, daß der eigentlichen Paarung ein ziemlich ausgedehntes und zärtliches Liebesspiel vorausgeht, daß die Tiere aufeinanderzu gerichtete Schwimmbewegungen ausführen und mit den Körpern und Brustflossen einander entlangstreichen. Beobachtungen im Freien haben gezeigt, daß Grindwale dabei bis an die Brustflossen senkrecht aus dem Wasser emporkommen können (Abb. 67), während sie einander auch spielerisch ins Maul oder in die Schwanzflosse beißen, genau wie sich tummelnde Hunde.

Abb. 67. Grindwal in senkrechter Stellung beim Paarungsspiel. Die Tiere können aber auch außerhalb der Paarzeit in dieser Stellung auftauchen. Aufn. Th. Carels ('s-Gravenhage)

Der männliche Geschlechtsapparat zeigt den allgemeinen Bau dieser Organe bei den Säugetieren. Die Hoden liegen nicht in einem Scrotum außerhalb des Körpers, sondern an der Rückenseite der Bauchhöhle hinter den Nieren, genau wie beim Elefanten und bei Gürteltieren. Beim Blauwal kann jedes dieser Organe eine Länge von 80 cm und ein Gewicht von 45 kg erreichen. Der weibliche Geschlechtsapparat besteht aus einer Scheide mit stark gefalteter Schleimhaut, einer zweihörnigen Gebärmutter, den Eileitern und den Eierstöcken, die sich an genau derselben Stelle in der Bauchhöhle befinden wie die Hoden. Bei den großen Walen haben diese Organe ein Gewicht von 5—10 kg. Man hat aber auf dem Walfangmutterschiff „Balaena" bei einem 83 Fuß langen, trächtigen Blauwal einmal ein Ovarium von 30 kg angetroffen.

Die Eierstöcke der Zahnwale sehen genau so aus wie die Ovarien der übrigen Säugetiere, bei den Bartenwalen haben sie jedoch das Ansehen einer Traube, weil es hier — auch wenn die

Weibchen sich nicht in der Brunst befinden —, eine ganze Menge
halbreifer Follikel gibt, die wie Weinbeeren an der Oberfläche des
Organs hervorquellen (Abb. 68). In normalen Fällen kommt jedoch
in jeder Brunstperiode nur einer dieser Follikel zur endgültigen

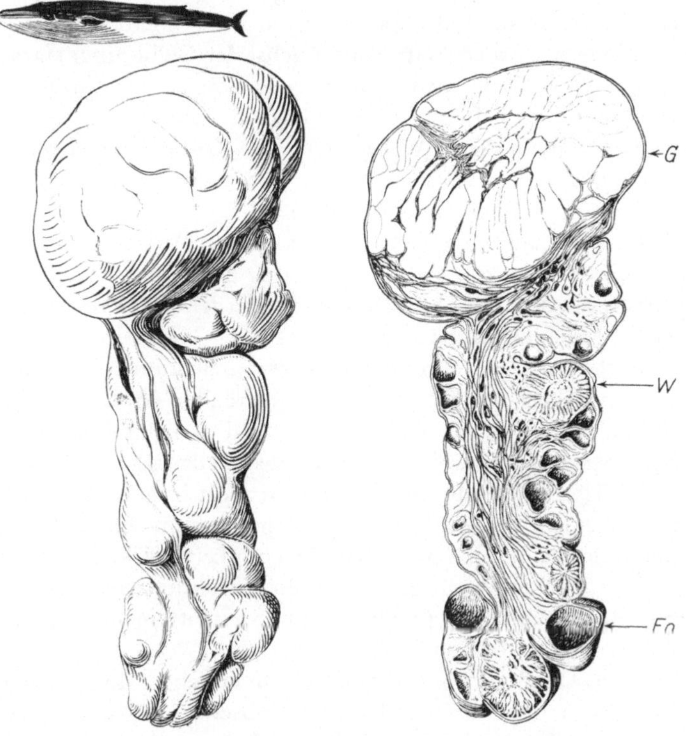

Abb. 68. Eierstock und Längsschnitt dieses Organs eines trächtigen Finnwals.
G Gelbkörper; *W* Weißer Körper (Corpus albicans); *Fo* Follikel

Reife. Bei der Ovulation platzt dann der Follikel und das heraus-
geschleuderte Ei gelangt über den Eileiter in die Gebärmutter. Der
Follikel hat einen Durchmesser von 3—6 cm, das Ei ist aber nur
0,1—0,2 mm groß, genau wie bei den meisten anderen Säugetieren.

Aus der leeren Follikelhülle entwickelt sich — ebenfalls wie
bei den anderen Säugetieren — nach der Ovulation ein Gelbkörper (Corpus luteum; Abb. 68), der bei den Zahnwalen die

übliche gelbe Farbe zeigt, bei den Bartenwalen jedoch rosafarben ist. Der Gelbkörper bildet ein Hormon, das das Anheften der Frucht an die Wand der Gebärmutter fördert. Wird das Ei nicht befruchtet, so findet auch keine Anheftung statt und dann schrumpft der Gelbkörper bald zu einer weißen, bindegewebigen Masse (Corpus albicans) zusammen. Findet aber eine Anheftung und eine weitere Entwicklung der Frucht statt, dann wächst der Gelbkörper stark, bis er wie ein Ball mit einem Durchmesser von 11—20 cm (beim Finnwal und Blauwal) und einem Gewicht von 0,8—7,5 kg am Ovarium hängt. In dieser Weise bleibt der Körper während der ganzen Trächtigkeit vorhanden, um erst nach der Geburt zu einem Corpus albicans zu degenerieren.

Die Corpora albicantia haben bei den großen Walen anfänglich einen Durchmesser von 8—14, später aber nur von 1—2 cm. Im Gegensatz zu den übrigen Säugetieren werden die Körper bei Walen und Delphinen nie vom umgebenden Gewebe resorbiert, sondern bleiben als Überreste ehemaliger Ovulationen während des ganzen Lebens der Tiere im Ovarium erhalten (Abb. 68). Für den Biologen ist dies ungemein günstig, weil es dadurch möglich ist, bei jedem erwachsenen weiblichen Wal festzustellen, wieviele Male das Tier schon in seinem Leben ovuliert hat. Leider kann man bis jetzt nur die Zahl der Ovulationen bestimmen, weil ein Corpus albicans, das sich nach einer Trächtigkeit gebildet hat, genau so aussieht und auch genau dieselbe Struktur zeigt wie ein Corpus, das nur auf einer Ovulation (ohne darauffolgende Trächtigkeit) beruht.

Wale und Delphine können es sich nicht erlauben, ihre Jungen in einem Nest oder in einer Höhle aufzuziehen. Sobald sie die sichere Umhüllung des Mutterleibes verlassen haben, befinden sich die Kälber der Wale in derselben Lage wie ein Fohlen oder wie das Kalb des Rindes. Sie beziehen nur noch ihre Nahrung von der Mutter, können aber keine Wärme mehr von ihr empfangen und müssen auch sofort selbständig mit ihrer Mutter mitschwimmen. Das bedeutet, daß das Kalb der Wale sehr groß und sehr vollkommen geboren wird — so wie ein Fohlen, aber anders als junge Katzen oder Kaninchen.

Im allgemeinen ist von einer 30 m langen und 100 Tonnen schweren Mutter kein winziger Säugling zu erwarten. Man staunt aber dennoch, wenn man erfährt, daß der eben geborene Blauwal eine Länge von etwa 7 Meter und ein Gewicht von etwa 2000 kg besitzt (Abb. 69). Beim Finnwal und Pottwal sind diese Maße und Gewichte 6,5 bzw. 4 m und 1800 und 1300 kg. Eben geborene Delphine sind im Verhältnis zu ihrer Mutter sogar noch größer. Sie können 45% der Länge und 15% des Gewichtes der Mutter haben. Dies alles bedeutet, daß die Tiere bei jeder Trächtigkeit im

Abb. 69. Nahezu ausgetragener, 7 m langer Fötus eines Blauwals. Man beachte die Nabelschnur mit den eigentümlichen Amnionperlen. Aufn. W. L. VAN UTRECHT (Amsterdam)

allgemeinen nur ein einziges Kalb tragen. Zwillinge kommen genau wie beim Menschen und beim Pferde nur in etwa 1% der Fälle vor, Drillinge können ebenfalls vorkommen, und man hat sogar viermal sechs Früchte in einer Gebärmutter angetroffen, allerdings ohne zu wissen, ob die Geburt solcher Sechslinge möglich gewesen wäre.

Umfang und Entwicklung des Neugeborenen verursachen ebenfalls, daß, wenigstens bei Braunfischen und Delphinen, die Tragzeit verhältnismäßig lang ist. Sie beträgt 10—12 Monate, genau wie beim viel größeren Pferde oder beim Rind. Merkwürdigerweise tragen die großen Bartenwale aber auch nur etwa 11 Monate (Abb. 76), während die Tragdauer bei den viel kleineren Nashörnern und Elefanten 19 bzw. 22 Monate beansprucht. Weil die Eizellen von all diesen Tieren etwa die gleiche Größe besitzen, bedeutet dies, daß die Früchte der großen Wale viel schneller wachsen und an den mütterlichen Körper also viel höhere Anforderungen hinsichtlich ihrer Nahrung stellen als die Föten der Delphine. Nur der Pottwal bildet eine Ausnahme. Die Weibchen dieser Art tragen 16 Monate und diese Tragzeit wird von japanischen Forschern auch für den Schwertwal aus dem Nordpazifik vermutet.

Bei den Zahnwalen befindet sich die Frucht nahezu immer im linken Gebärmutterhorn, auch wenn der rechte Eierstock ovuliert hat (Abb. 70). Im rechten Horn befindet sich nur ein Teil der Plazenta, die bei allen Cetaceen eine diffuse, epitheliochoriale Plazenta ist, genau wie beim Pferd oder beim Schwein. Bei den Bartenwalen liegen etwa 50% der Früchte im rechten, die übrigen im linken Uterushorn.

Abb. 70. Trächtige Gebärmutter eines Braunfisches. Die Frucht liegt im linken Horn, das rechte Horn enthält eine der Fruchthüllen (Allantois), die hier einen Teil der Plazenta bildet. Nach WISLOCKI, 1933

Die Geburt der großen Wale wurde noch niemals beobachtet, die spärlichen Angaben über dieses Geschehen stammen nur von Weibchen, die während der Geburt strandeten oder gefangen wurden. Lebendbeobachtungen der Geburt kennen wir nur von in Gefangenschaft lebenden Braunfischen und Delphinen (Gemeiner Delphin, Fleckendelphin, Tümmler). Besonders beim Tümmler hat man in den amerikanischen Aquarien den Vorgang öfters genau verfolgen können. Man hat gesehen, daß beim Auftreten der Wehen die Weibchen beginnen, langsamer zu schwimmen. Die übrigen weiblichen Tiere der Herde bleiben stets in

ihrer Nähe, offenbar um das gebärende Tier zu schützen und zu
verhindern, daß es von der Herde abkommt. Die Eröffnungswehen
dauern eine halbe bis eine ganze Stunde, darauf folgt eine Anzahl Preßwehen, und dann sieht man die Schwanzflosse des

Abb. 71. Die Geburt eines Tümmlers im Aquarium Marineland (Flor.). Aufn.
J. R. Eastman (Miami)

Jungen aus der weiblichen Geschlechtsöffnung zum Vorschein
kommen (Abb. 71, 72).

Das ist sehr merkwürdig, denn jeder Sachverständige weiß,
daß bei denjenigen Landsäugetieren, die nur ein einziges großes
Junges zur Welt bringen (Pferd, Rind, Mensch), die Früchte fast
stets in Kopflage geboren werden und daß eine Steißlage immer
eine große Gefahr für das Leben der Frucht bedeutet. Diese Gefahr beruht auf dem Umstand, daß bei einer Steißlage die Nabelschnur entweder zu früh reißt oder im mütterlichen Becken abge-
kniffen wird oder daß aus irgendeiner anderen Ursache verfrühte
Atmungsbewegungen der Frucht auftreten. Atmet das Junge
schon, wenn die Schnauze sich noch in den mütterlichen Organen
befindet, so wird nichtsteriles Blut, Schleim oder Fruchtwasser

in die Lungen gesogen und kann Erstickung oder irgendeine In-
fektion auftreten.

Bei den Walen besteht diese Gefahr offenbar nicht. Erstens
nicht, weil die Nabelschnur so lang ist (Abb. 73), daß sie erst
straffgespannt ist, wenn der Kopf des Jungen den mütterlichen
Körper verläßt. Die Nabelschnur wird nicht durchgebissen, sondern sie reißt an einer schwachen Stelle beim Bauch der Frucht,

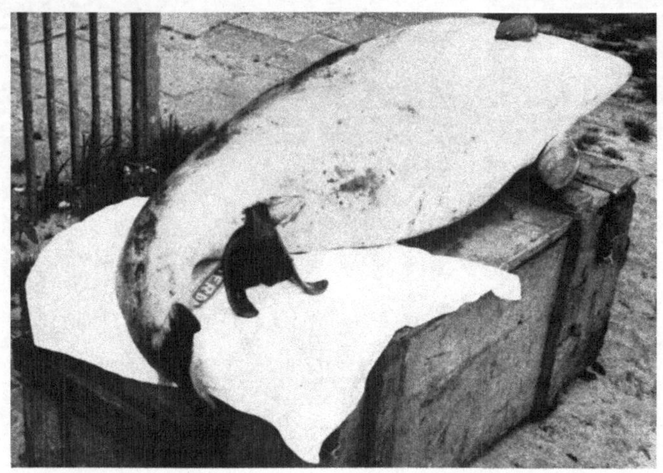

Abb. 72. Braunfisch, der während der Geburt seines Jungen in ein Garnelen-
netz geriet und dort erstickte. Die Schwanzflosse des Jungen ist schon geboren.
Aufn. W. L. van Utrecht (Amsterdam)

genau wie beim Pferd und Rind. Und zweitens nicht, weil die
Tiere immer unter Wasser geboren werden und der erste Atem-
zug offenbar erst auftritt, wenn das Spritzloch des Neugeborenen
der Luft oberhalb des Wassers ausgesetzt wird.

Wir wissen also jetzt, warum die Geburt in Schwanzlage für die
Wale keine Gefahr bedeutet, wir wissen aber noch nicht, warum
im Gegensatz zu allen Landsäugetieren gerade diese Lage immer
zustande kommt. Die bei den Landsäugetieren auftretende Kopflage beruht auf einer Anpassung der Lage der Frucht an die Raum-
verteilung in der Bauchhöhle und auf der Verteilung der Masse in
der Frucht. Deswegen befindet sich bei den Vierfüßlern die große,
schwere Hinterhand immer vorne und unten in der Bauchhöhle

und der ziemlich kleine und bewegliche Kopf hinten und oben, in der Nähe der weiblichen Geschlechtsöffnung. Bei Walen und Delphinen ist aber der Kopf sehr groß, der Schwanz dünn und beweglich. Deswegen wird gerade dieser Teil des Körpers nicht nur durch die Raumverhältnisse, sondern auch durch die Zusammen-

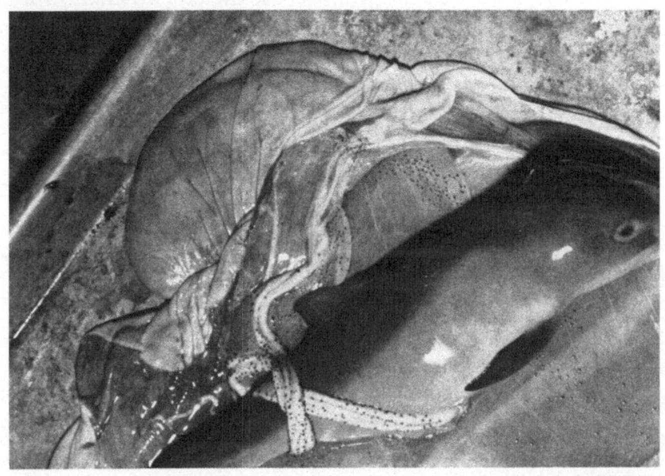

Abb. 73. Männlicher Fötus vom Braunfisch mit teilweise aufgeschnittenen Fruchthüllen (die Allantois ist noch intakt). Man beachte die Länge der Nabelschnur (mit Amnionperlen), die hier mit einer Schlinge um die Frucht liegt. Aufn. W. L. van Utrecht (Amsterdam)

ziehungen der Gebärmutter in die Richtung der Geburtsöffnung getrieben (Abb. 74).

Sobald das Junge geboren ist, wird es von der Mutter an die Oberfläche des Wassers gestoßen. Bei diesem Verhalten und bei der ganzen weiteren Fürsorge für das Junge, wird das Muttertier häufig von einem der anderen erwachsenen Tiere unterstützt. Diese mitsorgende „Tante" wurde bisher nur noch bei Flußpferden und besonders beim Elefanten beobachtet. Die nach $1\frac{1}{2}$ bis 10 Stunden erscheinende Nachgeburt wird nicht aufgefressen; das Muttertier wendet ihr keine weitere Aufmerksamkeit zu.

Bei Blau- und Finnwalen werden die Kälber bis zu einem Alter von 5—7 Monaten gesäugt (Abb. 76), bei den meisten übrigen Cetaceen dauert das Säugen aber nahezu ein volles Jahr, nur

Braunfische und Buckelwale werden nach 8 bzw. 10 Monaten entwöhnt. Genau wie bei Seekühen und Flußpferden findet das
Säugen unter Wasser statt (Abb. 75). Die Zitzen liegen in Haut-
furchen beiderseits der weiblichen Geschlechtsöffnung. Durch
den in der Milchdrüse herrschenden Druck treten sie während des
Säugens hervor, aber weil die Jungtiere keine eigentlichen Lippen
besitzen, können sie die Zitzen nur mit der Zunge umfassen und

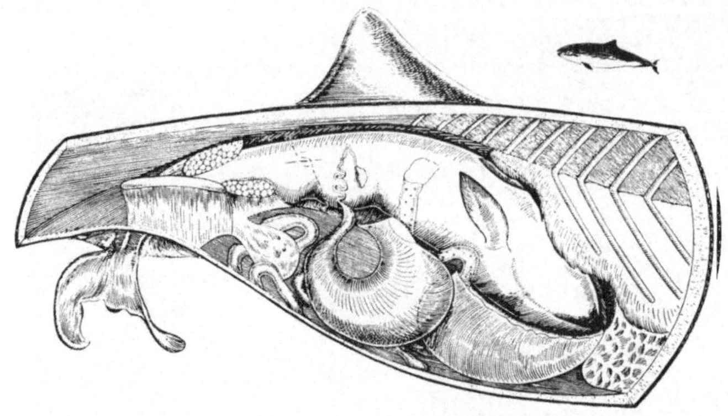

Abb. 74. Schematische Zeichnung der von rechts geöffneten Bauchhöhle des
in Abb. 72 abgebildeten Braunfisches, um die Lage der Frucht zu zeigen. Nach
SLIJPER, 1956

sie gegen den Gaumen drücken. Über die Rinne an der Oberseite
der Zunge wird dann die Milch nach innen gespritzt.

Verglichen mit Nashörnern, die nach 14 Monaten und mit Wild-
rindern die öfters erst nach zwei Jahren entwöhnt werden, ist die
Säuglingsperiode namentlich bei den großen Walen auffällig
kurz, besonders wenn man bedenkt, daß ein junger Blauwal in
7 Monaten etwa 9 m wächst, d. h. also ungefähr $4^1/_2$ cm pro Tag.
Sein Gewicht nimmt in dieser Zeit zu von 2—23 Tonnen, d. h.
ungefähr 100 kg pro Tag. Diese enorme Gewichtszunahme ist
nur möglich, weil die Milch sehr stark konzentriert (der Wasser-
gehalt beträgt 40—50%, gegenüber 80—90% bei Landsäugetieren) und außerdem außerordentlich fett ist. Der Fettgehalt beträgt 40—50% (bei Landtieren 2—17%) und der Eiweißgehalt
ist doppelt so hoch wie bei Landsäugern. Auch Kalzium und
Phosphor sind, namentlich in Hinblick auf das Skelettwachstum,

reichlich vorhanden; nur der Zuckergehalt (1—2 %) ist niedriger als bei den Landsäugetieren (3—8 %).

Um einen guten Eindruck von der Fortpflanzungsgeschwindigkeit der Wale zu bekommen, müssen wir nicht nur über die oben angeführten Daten verfügen können, sondern wir müssen außerdem wissen, in welchem Alter die Tiere geschlechtsreif werden,

Abb. 75. Säugender Tümmler im Aquarium Marineland (Flor.). Aufn. F. S. ESSAPIAN (Miami)

bis zu welchem Alter sie fortpflanzungsfähig sind, und wie lang die Zeit zwischen zwei Geburten ist. Der Braunfisch ist schon mit 15 Monaten geschlechtlich erwachsen, der Tümmler aber erst mit 5 Jahren und bei den großen Walen schwankt das geschlechtsreife Alter etwa zwischen 4 und 6 Jahren. Ein Vergleich mit den viel kleineren Landsäugetieren, wie z. B. Kamele, Seehunde und Buckelrinder (die erst mit 4 Jahren geschlechtsreif sind) zeigt, daß die großen Wale tatsächlich schon in jugendlichem Alter fortpflanzungsfähig sind.

Weibliche Braunfische, Delphine, Grauwale und wenigstens ein Teil der Buckelwale sind schon unmittelbar oder kurz nach der Geburt des Jungen wieder fruchtbar. Bei Blau-, Finn- und Pottwalen ovuliert jedoch die Mehrzahl der Weibchen nicht während der Periode, in der das Junge gesäugt wird. Deswegen wird bei diesen Tieren im Durchschnitt nur einmal in einer Periode von zwei Jahren ein Kalb geboren (Abb. 76). LAWS hat berechnet, daß,

um diesen Erfolg zu erreichen, der Finnwal durchschnittlich
2,8mal je Periode von zwei Jahren ovuliert, so daß 2,8 Corpora
albicantia in den Ovarien eine Periode von zwei Lebensjahren darstellen. Leider sind wir über die Gesamtlebensdauer der Wale

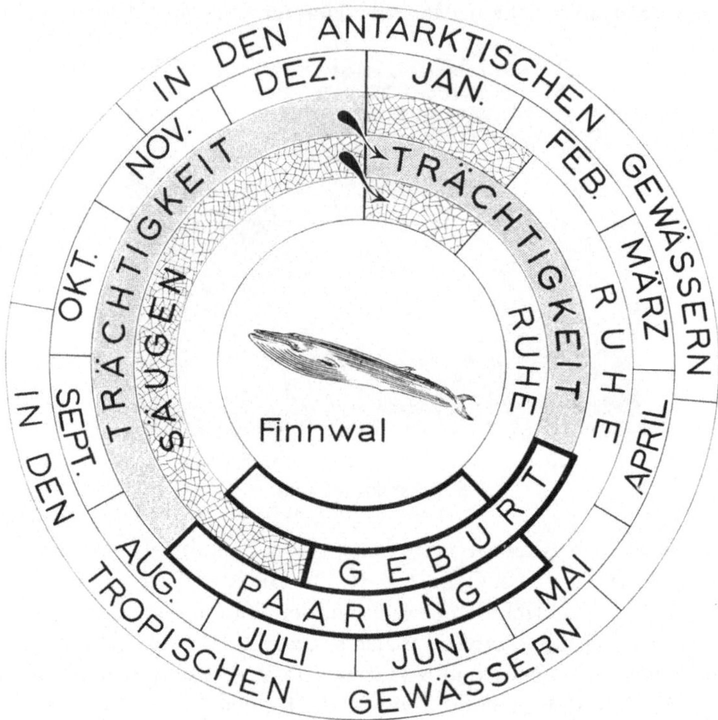

Abb. 76. Schematische Darstellung des Fortpflanzungszyklus des Finnwals

noch äußerst spärlich informiert. Man nimmt jedoch an, daß sie
bei den großen Walen etwa 30—40 Jahre beträgt und daß, genau
wie bei anderen Wildsäugetieren, die Tiere praktisch bis zum
Ende ihres Lebens fortpflanzungsfähig bleiben, wenn auch vielleicht das Geburtsintervall bei zunehmendem Alter größer wird.
Mit diesen Unterlagen kann man dann berechnen, daß jeder weibliche Wal in seinem Leben maximal 10—12 Kälber wirft, d. h.
also, daß der Zuwachs pro Tier maximal 5—6 Tiere beträgt. Weil

aber ohne Zweifel ein gewisser Teil von ihnen schon im ersten
Lebensjahre eingeht und auch nacher durch die natürliche Sterblichkeit und durch den Walfang die Wale jedes Jahr ihren Tribut
bezahlen, ist der wirkliche Zuwachs natürlich viel geringer.

12. Sorgen um den Bestand

Wenn die Vertreter der 18 teilnehmenden Staaten in der Jahres-
versammlung der „International Whaling Commission" zusam-
menkommen, ist das Hauptthema der Beratungen fast immer die
Frage, wieviel Wale in der nächsten Saison in den antarktischen
Gewässern gefangen werden dürfen. Das Ziel, das dabei von der
Kommission und ihren biologischen Beratern angestrebt wird, ist
nicht — wie man öfters meint —, die Ausrottung der Wale zu verhüten. Das ist vielmehr ein Anliegen der internationalen Natur-
schutzorganisationen. Außerdem ist die Gefahr, daß irgendeine
der verschiedenen Walarten vom antarktischen Walfang wirklich
endgültig ausgerottet wird, ziemlich gering. Die Kosten einer
einzigen Walfangexpedition nach dem Südlichen Eismeer sind
nämlich so außerordentlich groß (etwa 18 Millionen Mark jährlich), daß es sich einfach nicht lohnt, eine solche Expedition auszu-
senden, wenn nicht eine sehr große Zahl von Walen gefangen
werden kann. Das Ziel der internationalen Kommission ist vielmehr, zu verhüten, daß der heutige Bestand abnimmt und daß
diese ertragreiche Quelle von Öl, Fleisch und anderen wertvollen
Sachen für unsere Nachkommen verlorengeht. Eine Schwierigkeit dabei ist allerdings, daß die Kommission auch die Interessen
der verschiedenen Walindustrien zu berücksichtigen hat, daß —
wie schon öfters gesagt wurde — ihr Auftrag lautet: „To save the
whales without killing the industry". Weil außerdem die Interessen der teilnehmenden Staaten sehr verschieden sind, ist es
manchmal recht schwierig, eine befriedigende Entscheidung zu
treffen.

In den dreißiger Jahren wurden von der antarktischen Walflotte
hauptsächlich Blauwale gefangen. Jetzt fängt man nahezu ausschließlich Finnwale, zum Teil, weil die Zahl der Blauwale offenbar abgenommen hat, zum Teil, weil deswegen bestimmte Schutzmaßnahmen getroffen wurden, zum Teil aber auch, weil man heute

nicht mehr so viel und nicht mehr so tief ins Treibeis eindringt wie vorher. Für den Buckelwal wurden auch Schutzmaßnahmen getroffen, so daß nicht nur der Walfang, sondern auch die Walforschung sich heutzutage hauptsächlich auf den Finnwal konzentrieren.

Es ist nämlich ohne weiteres deutlich, daß Entscheidungen der Kommission über den jährlich zulässigen Fang sich auf eine genaue Kenntnis der Biologie der Wale und besonders auf die sogenannte Populationsdynamik stützen müssen. Für die Walbiologen tritt dabei die Schwierigkeit auf, daß man sie nicht fragt, ob es *erwünscht* ist, die Beute zu beschränken, sondern ob es *absolut notwendig* ist. Wie leicht man unbegründet die Lage als verhängnisvoll hinstellen kann, hat die damalige Autorität auf dem Gebiete der Walbiologie, Sir SIDNEY HARMER, schon im Jahre 1930 gezeigt, als er in der Linnean Society betonte, der Untergang des Walfangs sei innerhalb weniger Jahre zu erwarten.

Zahlreiche Walforscher haben bisher gemeint, daß der „Catchers Days Work", d. h. die Zahl der gefangenen Blauwaleinheiten (1 Blauwal, 2 Finnwale usw.) je Jäger, je Tag, einen ziemlich zuverlässigen Hinweis auf den Verlauf des Bestandes bilden würde. Von 1948—1959 ist dieser C. D. W. nahezu konstant geblieben, nur in den letzten zwei Jahren war er auffällig niedriger. Eine Kommission von Sachverständigen auf dem Gebiete der Fischerei hat jedoch neuerdings gezeigt, daß bei der Berechnung der C. D. W. viel zu wenig Faktoren in Betracht genommen wurden und daß die ganze Angelegenheit mit modernen Methoden neu erforscht werden muß.

Berechnungen über die Zu- oder Abnahme des Bestandes sind leicht zu machen, wenn man über folgende Daten verfügt: der Umfang des heutigen Bestandes, die Zahl der jährlich gefangener Tiere, die natürliche Sterblichkeit und die Zahl der jährlich geborenen Tiere. Von diesen Daten ist uns aber bisher nur die Zahl der gefangenen Tiere genau bekannt. Über den Umfang des Bestandes wäre durch eine umfangreiche Markierungsexpedition ein Eindruck zu bekommen. Wenn nämlich z. B. 5 % des Fanges aus markierten Tieren besteht, kann man annehmen, daß die Gesamtzahl der markierten Tiere ungefähr 5 % des Bestandes bildet. Leider fehlt uns in dieser Berechnung aber noch ein Faktor: man

weiß nicht, von welchem Prozentsatz der markierten Tiere die
Marke durch irgendwelche Ursache nicht zurückgefunden wird.
Auch eine Abschätzung vom Umfang des Bestandes, die auf
Wahrnehmungen des englischen Untersuchungsschiffes „Dis-
covery II" gegründet ist, kann nur einen sehr oberflächlichen Ein-
druck geben. Außerdem stammen die Wahrnehmungen schon aus

Abb. 77. Im zufrierenden Kronprinz-Gustav-Kanal bei Grahamland fand eine
englische Südpolexpedition eine Anzahl von Zwergwalen, die das offene Meer
nicht mehr erreichen konnten. Die Tiere konnten mit Aufgebot aller Kräfte
noch einige Löcher offen halten, ihr Los war aber schon besiegelt. Man achte
auf die Dampfwolke und auf den bei der Ausatmung eingezogenen Mundboden.

den dreißiger Jahren, und es ist gar nicht unmöglich, daß der
Finnwalbestand seitdem zugenommen hat, weil der Blauwal-
bestand abnahm und den Finnwalen deswegen mehr Nahrung zur
Verfügung stand.

Selbstverständlich ist es nahezu unmöglich, direkte Angaben
über die natürliche Sterblichkeit der Tiere zu erlangen. Man hat
den Eindruck, daß, genau wie bei anderen großen Säugetieren,

die Sterblichkeit im ersten Lebensjahre am größten ist, wenn ein gewisser Prozentsatz der Tiere durch Schwierigkeiten bei der Entwöhnung, durch Parasiten oder durch Räuber (Orcas) eingeht (bei Landsäugetieren 15—50 %). Wenn auch dann und wann für ältere Tiere verhängnisvolle Umstände auftreten können — wie z. B. Abb. 77 von den im antarktischen Eis eingefrorenen Zwergwalen zeigt —, so ist dennoch die natürliche Sterblichkeit in diesen

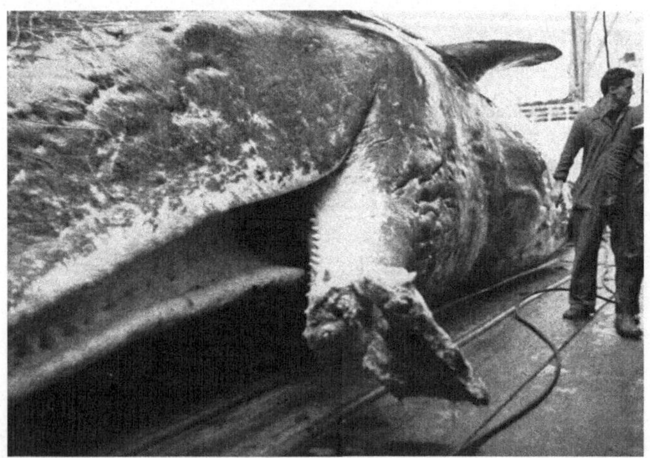

Abb. 78. Mit einer Pseudarthrose geheilte Fraktur im Unterkiefer eines Pottwals. Aufn. N. J. Teljer

Jahren ziemlich gering. Tödliche Krankheiten kommen anscheinend sehr wenig vor. Von 12 000 Walen, von denen das Fleisch von englischen Fleischbeschauern untersucht wurde, wurden nur zwei wegen Krankheiten untauglich erklärt. Auch die Tatsache, daß Wale und Delphine mit ziemlich schweren Verletzungen und Erkrankungen des Skeletts — die die Tiere bestimmt stark bei ihrer Nahrungsaufnahme oder ihrer Fortbewegung hindern müssen — viele Jahre am Leben bleiben können, beweist, daß sie sich im allgemeinen in biologisch optimalen Umständen befinden, d. h. daß sie wenig Feinde haben und ihnen reichlich Nahrung zur Verfügung steht (Abb. 78).

Indirekte Angaben über die Sterblichkeit (natürliche und durch den Walfang) kann man erhalten durch das Aufstellen einer so-

genannten Altersverteilung der gefangenen Tiere. Wenn man den
Prozentsatz der ein-, zwei-, dreijährigen Tiere usw. im Bestande
kennt und namentlich, wenn man eine solche Kurve für mehrere
aufeinander folgende Jahre aufstellen kann, ist es möglich, z. B.
aus der Ab- oder Zunahme der älteren oder der jüngeren Tiere,
bestimmte Schlußfolgerungen hinsichtlich der Zu- oder Abnahme
des Bestandes zu machen. Eine Schwierigkeit dieser Methode ist

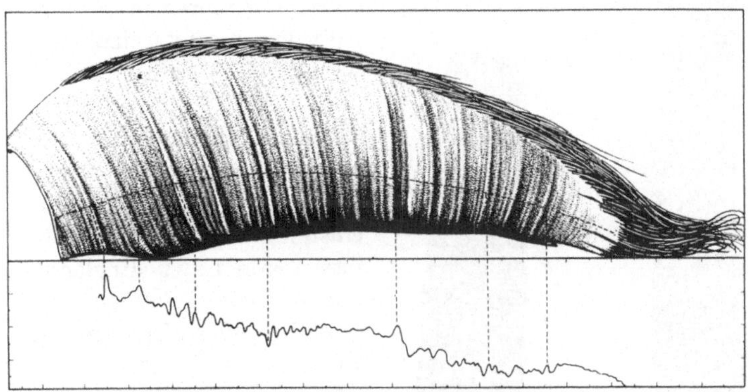

Abb. 79. Barten eines Blauwals mit Kurve des Verlaufes der Dicke. Die Periodizität ist im Sinne von RUUD angegeben. In Amsterdam verwendet man
eine andere Einteilung

allerdings der Umstand, daß der Fang ein repräsentatives Muster
aus dem Bestand darstellen muß, d. h. daß die Tiere vollkommen
willkürlich geschossen werden müssen und daß man keine Auswahl dabei treffen darf. Es ist aber sehr wahrscheinlich, daß beim
heutigen Walfang, wobei eine scharfe Konkurrenz auftritt, eine
derartige Auswahl gemacht wird, weil die jüngeren, unerfahrenen
Tiere sich leichter erbeuten lassen als die älteren.

Außerdem ist diese Methode natürlich vollkommen abhängig
von der Zuverlässigkeit der Altersbestimmung. Bisher hat man
dazu drei verschiedene Methoden entwickelt. Prof. RUUD aus
Oslo hat gezeigt, daß im Verlauf der Dicke der Barten von ihrer
Basis im Zahnfleisch bis zu ihrer Spitze, wo sie am meisten abge-
nutzt sind, eine gewisse Periodizität auftritt, die als Jahresringe
gewertet werden kann (Abb. 79). Eine Modifikation dieser Methode, wobei eine abweichende Jahreseinteilung verwendet wird

und außerdem der sich im Zahnfleisch befindende Teil der Barten mitgemessen wird, wurde in Amsterdam von Frau van Utrecht entwickelt. Diese zweite Methode führt im allgemeinen zu einem höheren Lebensalter. Außerdem wurde gezeigt, daß die Methoden nur zuverlässig sind bis zu einem Alter von etwa 3—4 Jahren, weil oberhalb dieses Alters eine stark wechselnde Anzahl von Perioden durch Abnutzung vollkommen verschwindet. Die modifizierte Methode ergab jedoch eine sehr gute Übereinstimmung mit den Ergebnissen von Laws (England), der feststellte, daß bei geschlechtsreifen Weibchen eine Zunahme von 2,8 Corpora albicantia pro Periode von zwei Jahren in den Eierstökken stattfindet (s. Kap. 11). Wenn man also mittels einer der beiden anderen Methoden das geschlechtsreife Alter bestimmt hat, ist es möglich, das Alter der erwachsenen Tiere mittels der Ovarien zu bestimmen.

Abb. 80. Zwei Gehörzapfen eines Finnwals. Auf dem Längsschnitt (rechts) sieht man die Bänderung (Jahresringe). Aufn. W. L. van Utrecht (Amsterdam)

Die dritte Methode, die 1955 zum ersten Male von Purves (London) beschrieben wurde, stützt sich auf den Gehörzapfen, ein etwa 20 cm langes, zapfenartiges Gebilde, das sich bei den Furchenwalen im inneren Teil des äußeren Gehörganges befindet (Abb. 80). Auf Längsschnitten zeigt der Zapfen eine Anzahl parallel verlaufende, abwechselnd dunkle und helle Schichten, die man als Jahresringe wertet. Anfänglich hat man gemeint, daß zwei dieser Bänder in einem Jahre gebildet werden. In der Saison 1959 bis 1960 wurden jedoch auf einem der japanischen Walfänger einige Gehörzapfen gesammelt von Tieren, die in den dreißiger Jahren markiert wurden und deren Mindestalter also bekannt war. Daraus hat sich ergeben, daß man vielleicht mit 1—2 Schichten pro Jahr rechnen muß. Außerdem ist es sehr schwierig, das Alter von 1 bis 5jährigen Tieren mit dieser Methode zu bestimmen.

Leider ist es bei den beiden anderen Methoden noch niemals möglich gewesen, ihre Zuverlässigkeit an einem Finnwal genau bekannten Alters zu prüfen, und es bleibt deswegen bei allen Methoden bisher noch ein bestimmter Zweifel über ihre Zuverlässigkeit bestehen.

Alle obengenannten Betrachtungen führen also zu der Schlußfolgerung, daß unsere Kenntnisse von der Biologie der Wale jetzt noch nicht so weit fortgeschritten sind, daß es möglich ist, den Vertretern der Walindustrie ein verantwortbares Gutachten über die genaue Zahl der jährlich zu fangenden Wale zu geben. Unsere Kenntnisse haben jedoch in den letzten Dezennien so stark zugenommen, daß der Walbiologe hoffentlich in der nächsten Zukunft zur erwünschten Einsicht in diese so wichtigen Probleme kommen wird.

Systematische Einteilung der Ordnung der Wale (Cetacea)

(Nur die wichtigsten Unterabteilungen und Arten sind angegeben)

I. URWALE, Archaeoceti.

Obereozän — Oberoligozän. Differenziertes Gebiß. Nasenöffnung meistens nicht oben auf dem Kopf. Schädel symmetrisch. 2—20 m.

II. BARTENWALE, Mystacoceti.

Mitteloligozän—Rezent. Barten. Nasenöffnung oben auf dem Kopf
Schädel symmetrisch.

A. Glattwale, Balaenidae.
Obermiozän—Rezent. Lange Barten, keine Rückenflosse, keine Furchen.
1. *Grönlandwal*, Balaena mysticetus L. 16 m. Nördliches Eismeer.
2. *Nordkaper*, Eubalaena glacialis Bonnat. (E. australis Desm.) 15 m
Kosmopolit mit Ausnahme der Tropen.
3. *Zwergglattwal*, Caperea (= Neobalaena) marginata (Gray). 6 m
Antarktis.

B. Grauwale, Eschrichtiidae (Rhachianectidae).
Postglazial—Rezent. Kurze Barten, keine Rückenflosse, 2—4 Furchen
1. *Grauwal*, Eschrichtius (Rhachianectes) glaucus Cope. 13 m. Nordpazifik.

C. Furchenwale, Balaenopteridae.
Obermiozän—Rezent. Kurze Barten, 70—100 Furchen, Rückenflosse
1. *Blauwal*, Balaenoptera musculus (L.). 24 m. Kosmopolit.
2. *Finnwal*, Balaenoptera physalus (L.). 21 m. Kosmopolit.
3. *Seiwal*, Balaenoptera borealis (Lesson). 15 m. Kosmopolit.
4. *Brydewal*, Balaenoptera brydei (Olsen). 13 m. Tropen und Subtropen
5. *Zwergwal*, Balaenoptera acutorostrata Lacép. 9 m. Kosmopolit
weniger in den Tropen.
6. *Buckelwal*, Megaptera novaeangliae Borowski (M. nodosa (Bonnat.)). 14 m. Kosmopolit.

III. ZAHNWALE, Odontoceti.

Obereozän—Rezent. Bei den jüngeren Gruppen Gebiß mit einförmiger
Zähnen. Nasenöffnung an der Oberseite des Schädels, meistens auch an
der Oberseite des Kopfes. Schädel der jüngeren Gruppen asymmetrisch.

A. Pottwale, Physeteridae.
Obermiozän—Rezent. Reduktion des Gebisses. Tintenfischfresser.
1. *Pottwal*, Physeter macrocephalus L. 18 m. Kosmopolit.
2. *Zwergpottwal*, Kogia breviceps (Blainv.). 4 m. Kosmopolit.

B. Spitzschnauzendelphine, Ziphiidae.
Obermiozän—Rezent. Reduktion des Gebisses bis auf 1—2 sichtbare
Zähne. Tintenfischfresser.
   1. *Entenwal*, Hyperoodon ampullatus (Forster). 9 m. Nordatlantik.
      In der Antarktis H. planifrons Forster.
   2. *Spitzschnauzendelphine*, Mesoplodon. Neun Arten. Geschlecht kos-
      mopolit.

C. Flußdelphine, Platanistidae.
Obermiozän—Rezent. Lange schmale Schnauze. Fischfresser. Fluß-
bewohner. 4 Arten bzw. im Ganges und Indus, Amazonas, Rio de la
Plata und See von Tung Ting (China). 1,50—2,50 m.

D. Weißwale, Delphinapteridae.
Pleistozän—Rezent. Keine deutliche Rückenflosse. Fischfresser.
   1. *Weißwal (Beluga)*, Delphinapterus leucas (Pallas). 4,50 m. Nörd-
      liches Eismeer.
   2. *Narwal*, Monodon monoceros L. 5 m. Nördliches Eismeer.

E. Braunfische, Phocaenidae.
Miozän—Rezent. Rückenflosse, Zähne spatenförmig, keine Schnauze.
Fischfresser.
   1. *Braunfisch*, Phocaena phocaena (L.). 1,50 m. Nordatlantik.
   2. *Indischer Braunfisch*, Neomeris phocaenoides (Cuv.). 1,30 m. In-
      discher und Pazifischer Ozean.

F. Delphine, Delphinidae.
Miozän—Rezent. Meistens deutliche Rückenflosse und Schnauze.
Zähne kegelförmig. Hauptsächlich Fischfresser.
   1. *Schwertwal*, Orcinus orca (L.). 9 m. Kosmopolit.
   2. *Kleiner Mörder*, Pseudorca crassidens (Owen). 5 m. Kosmopolit.
   3. *Grindwal*, Globicephala melaena (Traill). 8 m. Nordatlantik. In an-
      deren Meeren von anderen Arten vertreten.
   4. *Gramper*, Grampus griseus Cuv. 3 m. Kosmopolit.
   5. *Tümmler*, Tursiops truncatus (Mont.). 3,50 m. Wahrscheinlich Kos-
      mopolit, mehrere Rassen.
   6. *Delphin*, Delphinus delphis L. 2,25 m. Kosmopolit, in warmen und
      gemäßigten Gewässern.
   7. *Weißschnauzendelphine*, Lagenorhynchus. Geschlecht kosmopolit
      mit mehreren Arten und Rassen. 1,50—3 m.
   8. *Fleckendelphine*, Stenella. Mehrere Arten zwischen 50° N und 40° S.
      1,0—2,5 m.

Literatur

Eine ausführliche Behandlung des Themas dieses kurzgefaßten Büchleins
mit einer ausführlichen Angabe der Literatur findet man in: E. J. SLIJPER,
Walvissen, Centen, Amsterdam (Verlag C. de Boer Jr., Hilversum), 1958;
524 S. 8°, 228 Abb. (holländisch) oder in der englischen Übersetzung dieses
Buches ("Whales"), die 1962 bei Hutchinsson, London, erschien.

Namen- und Sachverzeichnis

(Kursive Zahlen verweisen auf die Nummer der Abbildung)